能源生态与高质量发展
金融统计方法与应用　　系列丛书

本书获内蒙古财经大学学术专著出版基金资助

全球变化下的哈泥泥炭地：
氧化亚氮源汇功能的科学探索

伊博力　著

中国商务出版社

·北京·

图书在版编目（CIP）数据

全球变化下的哈泥泥炭地：氧化亚氮源汇功能的科
学探索 / 伊博力著. -- 北京：中国商务出版社，2025.
（能源生态与高质量发展系列丛书）（金融统计方法与应
用系列丛书）. -- ISBN 978-7-5103-5580-6

Ⅰ. P941.78

中国国家版本馆CIP数据核字第2025D4H195号

全球变化下的哈泥泥炭地：氧化亚氮源汇功能的科学探索

QUANQIU BIANHUA XIA DE HANI NITANDI：YANGHUAYADAN YUANHUI GONGNENG DE
KEXUE TANSUO

伊博力　著

出版发行：中国商务出版社有限公司
地　　址：北京市东城区安定门外大街东后巷28号　邮编：100710
网　　址：http://www.cctpresscom
联系电话：010-64515150（发行部）　010-64212247（总编室）
　　　　　010-64243016（事业部）　010-64248236（印制部）
策划编辑：刘文捷
责任编辑：刘　豪
排　　版：德州华朔广告有限公司
印　　刷：北京建宏印刷有限公司
开　　本：787毫米×1092毫米　1/16
印　　张：10.5　　　　　　　　　　　字　　数：188千字
版　　次：2025年4月第1版　　　　　印　　次：2025年4月第1次印刷
书　　号：ISBN 978-7-5103-5580-6
定　　价：78.00元

丛书编委会

主　　编　王春枝
副 主 编　刘　佳　米国芳　刘　勇
编　　委　王志刚　王春枝　刘　佳　刘　勇　米国芳　陈志芳
　　　　　赵晓阳　郭亚帆　海小辉

序

在全球经济格局深刻变革、科技革命加速演进的今天，人类社会正站在一个新的历史节点上。一方面，传统经济模式面临着资源短缺、环境污染、生态退化等诸多挑战；另一方面，以绿色、低碳、可持续为核心的高质量发展理念，正成为推动全球经济转型的重要驱动力。在这样的时代背景下，能源、生态、金融统计等相关领域的研究，不仅是学术研究的前沿方向，更是实现经济高质量发展的关键所在。

能源是经济发展的基石，生态是人类生存的家园。在过去的几十年中，全球能源需求的快速增长与生态环境的恶化，已经对人类社会的可持续发展构成了严重威胁。随着全球气候变化加剧、生物多样性丧失以及资源短缺问题的日益突出，传统的发展模式已经难以为继。在此背景下，如何在保障能源供应的同时，实现生态系统的平衡与修复，成为全球关注的焦点。

近年来，中国在能源转型与生态保护方面取得了显著成就。一方面，中国积极推动能源结构调整，大力发展可再生能源，逐步降低对传统化石能源的依赖；另一方面，通过一系列生态保护政策的实施，生态系统退化的趋势得到了初步遏制。然而，面对全球性的挑战，中国的能源与生态转型仍面临诸多难题。例如，能源市场的波动性、新能源技术的成熟度、生态补偿机制的完善性等，都需要进一步的理论研究与实践探索。

在这样的背景下，"能源生态与高质量发展"系列丛书，旨在为学术界、政策制定者和从业者提供一个交流平台。通过深入探讨能源转型的路径、生态系统的价值评估，以及两者与经济高质量发展的内在关系，希望能够为实现绿色、低碳、可持续的经济发展模式提供理论支持与实践指导。

金融是现代经济的核心，而统计方法则是金融决策的基石。在当今复杂多变的经济环境中，金融市场的波动性、风险的不确定性以及数据的海量性，都对金融决策提出了更高的要求。金融统计方法，作为一门结合数学、统计学和金融学的应用科学，为解决这些问题提供了强大的工具。

随着大数据、人工智能和机器学习等新兴技术的快速发展，金融统计方法的应用范围不断扩大。从金融市场预测、风险评估到投资组合优化，从宏观经济政策分析到微观企业决策支持，金融统计方法都发挥着不可或缺的作用。

"金融统计方法与应用"系列丛书，通过系统介绍金融统计方法的理论基础、模型构建以及应用案例，希望能够为相关研究者提供一个全面、系统的视角，并通过本书找到适合自己的工具和方法，从而更好地应对金融领域的复杂问题。

本套丛书在编写过程中参考与引用了大量国内外同行专家的研究成果，在此深表谢意。丛书的出版得到内蒙古财经大学的资助和中国商务出版社的鼎力支持，在此一并感谢。受作者自身学识与视野所限，书中观点与方法难免存在不足，敬请广大读者批评指正。

丛书编委会

2024 年 12 月 20 日

前言
Preface

　　泥炭地仅占全球陆地面积的 3 %，但是却储存着陆地土壤中约 30 % 的碳（C）和 16 % 的氮（N），在全球碳、氮收支中起着至关重要的作用。氧化亚氮（N_2O）是一种重要的温室气体，其增温潜势是二氧化碳（CO_2）的 273 倍，是破坏臭氧层的主要温室气体。以泥炭藓（*Sphagnum*）为主要植被类型的泥炭地由于环境条件的限制以及植物耐分解的因素，导致其营养条件较为贫乏，通常受到营养元素 N 和磷（P）的限制，因此尽管泥炭地是一个巨大的 N 库，但其不是一个明显的 N_2O 的源。目前全球变化引起的增温，大气 N、P 沉降的增加会导致泥炭地营养增加，打破原有的环境以及养分限制状态，使泥炭地这个巨大的 N 库受到威胁，泥炭地 N_2O 源汇功能将发生改变。长期以来，泥炭地温室气体排放对全球变化响应研究主要集中在高纬度地区，有关中温带地区长期增温和 N、P 输入及其交互作用对山地泥炭地 N_2O 源汇功能影响的研究还很少，同时由于泥炭地特殊的环境条件，导致泥炭地 N_2O 产生和排放特征与其他生态系统相比较为不同，而且对 N_2O 的研究相对于 CO_2 和甲烷（CH_4）也比较少，对于泥炭地 N_2O 的排放机制尚不清楚。

　　基于此，我们选取长白山哈泥泥炭地长期（12 年）模拟全球变化实验样地，通过野外气体通量以及生物和非生物因子的监测，结合室内控制实验尝试探究全球变化下增温和 N、P 添加及其交互作用对山地泥炭地 N_2O 源汇功能的影响，以及泥炭地生物和非生物因子对全球变化的响应。我们的研究不仅可以了解该区域泥炭地温室气体排放对全球变化的响应规律，而且还可能丰富对泥炭地气候变化生态学以及泥炭地 N 循环的认识，对于在全球变化背景下估算中国东北温带地区泥炭沼泽温室气体排放总量意义较大，甚至对其理论发展提供数据支持。本研究得到的主要结果如下：

（1）哈泥泥炭地由于长期低温、淹水以及耐分解的特殊环境条件导致其不是一个显著的N_2O的源，通量为$-38 \pm 62\,g\,m^{-2}$；约0.6 ℃的生长季增温将会刺激泥炭地土壤酶活性，加速泥炭的分解，促进可溶性碳组分（DOC）的流失，改善泥炭土壤养分条件，改变泥炭地植被组成，促进维管植物的生长，抑制泥炭藓的生长，最终导致N_2O排放显著增加，使泥炭地成为显著的N_2O的源，生长季通量为$54 \pm 43\,g\,m^{-2}$。

（2）长期低水平P添加（$5\,kg\,P\,ha^{-1}\,a^{-1}$）通过刺激水解酶活性，加速泥炭的分解，改善土壤营养可利用性，增加维管植物盖度，改变泥炭地凋落物输入的组成成分和品质，促进了N_2O的产生和排放，导致泥炭地成为一个N_2O的源，生长季通量为$38 \pm 24\,g\,m^{-2}$；高水平P添加（$10\,kg\,P\,ha^{-1}\,a^{-1}$）同样通过刺激胞外酶活性，促进泥炭的分解，改变土壤化学计量比，缓解反硝化作用的养分限制，相较于低水平P添加，高水平P添加带来的更加适宜的条件，导致产生的N_2O还原为了N_2，使泥炭地成为一个N_2O的汇，生长季通量为$-39 \pm 49\,g\,m^{-2}$；P添加与增温的交互作用结合了增温和P添加对N_2O产生和排放的正效应，尤其是增温条件下高水平P添加强烈促进了泥炭地N_2O的排放，改变了泥炭地N_2O的源汇功能，使泥炭地成为一个显著的N_2O的源，生长季通量为$101 \pm 30\,g\,m^{-2}$。

（3）长期低水平N添加（$50\,kg\,N\,ha^{-1}\,a^{-1}$）及其与增温的交互作用通过改变泥炭地植被类型，刺激胞外酶活性，加速泥炭分解，导致N_2O排放显著增加，使泥炭地成为一个N_2O的源，生长季通量分别为$67 \pm 28\,g\,m^{-2}$和$131 \pm 23\,g\,m^{-2}$；高水平N添加（$100\,kg\,N\,ha^{-1}\,a^{-1}$）及其与增温的交互作用虽然具有与低水平N添加对泥炭地N_2O通量相同的正效应，但是由于受到水分条件和植被组成的限制，导致生长季N_2O通量表现出强烈的吸收效应，使泥炭地成为一个显著的N_2O的汇，生长季通量分别为$-164 \pm 48\,g\,m^{-2}$和$-124 \pm 72\,g\,m^{-2}$。此外，泥炭地N_2O通量季节变化明显，而水位埋深的季节性变化是导致这些变化的关键环境因素。

（4）泥炭地N_2O的排放和吸收是受不同的生物和非生物因子调控的，

而不同剂量的 N、P 共同添加对 N_2O 的产生、排放和吸收有着不同的影响。在 N、P 共同添加下，N 添加主要通过影响土壤酶活性，加速泥炭的分解速度，改变土壤化学计量比和可利用营养底物浓度，进而去调控泥炭地 N_2O 的净通量，而 P 添加通过改变泥炭地植物组成和凋落物输入的组成成分和品质来影响 N_2O 的净通量。低水平 N 与不同水平 P 的共同添加对泥炭地 N_2O 源汇功能没有显著的影响，其中低水平 N 与高水平 P 的共同添加甚至使泥炭地成为一个 N_2O 的汇，生长季通量为 $-45 \pm 47\,\mathrm{g\,m^{-2}}$；而高水平 N 与不同水平 P 的共同添加显著刺激了泥炭地 N_2O 的排放，使泥炭地成为显著的 N_2O 的源，生长季通量分别为 $145 \pm 44\,\mathrm{g\,m^{-2}}$ 和 $115 \pm 6\,\mathrm{g\,m^{-2}}$。

（5）我们通过室内实验发现，养分条件仍是影响贫营养泥炭地 N_2O 产生和排放最重要的控制因子，没有 N 添加的处理 N_2O 通量几乎为 0，而有 N 添加的处理均有显著的 N_2O 排放；其次是水分条件的影响，N_2O 排放随土壤持水量的增加先上升后下降；有无植物通气组织的影响最小，相同条件下，有通气组织的处理比没有通气组织的处理 N_2O 排放更强但是不显著。淹水状态下高水平 N 添加对泥炭 N_2O 通量累积和瞬时效应不同，室内实验中 N 添加引起的瞬时效应会有脉冲式的 N_2O 排放。短期实验各处理间 DOC 浓度相较于野外长期实验没有显著的差异，这可能说明在全球变化的不同时期影响泥炭分解的控制因子是不同的。

本研究通过长期模拟增温和不同水平 N、P 添加及其交互作用，探究了全球变化对温带山地泥炭地环境以及 N_2O 源汇功能的影响，并通过短期室内实验研究养分、水分以及模拟植被条件对泥炭 N_2O 通量的贡献，以及全球变化对泥炭地 N_2O 源汇功能的长期和瞬时影响的不同。研究表明，增温会强烈影响泥炭地 N_2O 的通量，使泥炭地成为一个显著的 N_2O 的源。不同水平 N、P 添加对泥炭地 N_2O 源汇功能的影响方式是不同的，而其作用可能是通过影响水文或植被来间接实现的。增温会放大 N、P 添加对泥炭地 N_2O 通量的正效应，使泥炭地成为强烈的 N_2O 的源。养分条件是影响哈泥泥炭地 N_2O 通量最重要的因子，N 沉降引起的 N_2O 瞬时脉冲式排放将威胁泥炭地 N_2O 汇功能。我们有理由相信，随着气候变暖和人类活动的不断加剧，泥炭地养分有效性的增加会严重影响泥炭地C、N、P的循环以及植被组成和微生物胞外酶活性，这会刺激泥炭地N_2O的排放潜力，使之成为N_2O的强烈排放源，从而进一步加剧全球变暖的速度。

伊博力

2024 年 12 月

目录
Contents

1 绪 论

1.1　研究背景及研究意义

1.1.1　研究背景

随着人类活动的不断加剧，全球变暖和人为氮（N）、磷（P）沉降的增加已经成为全球变化的重要组成部分，也是全人类需共同面对的严峻挑战。自工业革命以来，大气中温室气体浓度正在逐步上升，目前大气中氧化亚氮（N_2O）等温室气体浓度已上升到80万年来的最高水平。第六次联合国政府间气候变化专门委员会（IPCC）报告指出，2019年全球人为温室气体净排放量为 59 ± 6.6 Gt CO_2-eq（二氧化碳排放当量），比2010年高出约12 %（6.5 Gt CO_2-eq），比1990年高出54 %（21 Gt CO_2-eq）[1]。第五次IPCC报告指出，相较于工业革命前，二氧化碳（CO_2）、甲烷（CH_4）和 N_2O 分别增加了40 %、150 %和20 %，20世纪温室气体浓度的增加速率达到2.2万年来的最大值，而这三种主要的温室气体排放累积贡献辐射强迫就达到了3 W m^{-2} [2]。N_2O 是一种重要的温室气体，虽然在大气中的含量很低，但是其增温潜势是 CO_2 的273倍[1, 3]。根据气候模型反演得出，在1951—2011年间，温室气体的排放贡献了地表平均温度升高中的0.5 ~ 1.3 ℃，而预计温室气体排放造成的气候变化将在未来50 ~ 100年内使全球平均气温上升1.0 ~ 3.5 ℃ [4]。温室气体浓度的增加对陆地生态系统和生态系统过程的直接和间接影响是复杂的，而因之引起的增温会提高土壤中的养分利用率，刺激微生物活性，加速泥炭的分解，导致泥炭地生态系统中温室气体通量发生改变，这可能会进一步加剧全球变暖的速度，使泥炭地在全球温室气体交换中扮演的重要角色受到威胁。

泥炭地是介于陆地生态系统和水生生态系统之间的一种独特的过渡型生态系统[5-7]。泥炭的持续积累使其具有不同于其他类型湿地的独特性，而其也具备特殊的生态调节作用[8]。泥炭地仅占全球陆地面积的3 %[9]，但是储存着陆地土壤中约30 %的碳和16 %的氮，在全球碳、氮收支中起着至关重要的作用[10, 11]。目前全球至少有50 %的泥炭地已经遭到不同方式的干扰与破坏，例如对泥炭地进行排水，转化为农林用地等，使其逐渐失去C、N的汇功能[12]。在中国，大部分泥炭地位于东北和西南地区，面积约为 1×10^5 ha^{-1}[13]，北方地区的泥炭地尤其是以泥炭藓为主要植被类型的泥炭地，由于其常年低温，持续淹水以及酸性的环境条件，对有机质的分解以及微生物活性都有着极大的限制[14]。泥炭藓凋落物因其营养不良，富含有机化合物如多酚，对微生物活性和维管植物生长有很强的抑制作用[15, 16]。泥炭地由于环境条件的限制以及植被耐分解的因素，导致其营养条件较为贫乏，会受到营养元素N和P的限制，因此尽管泥炭地是一个巨大的N库，但是由于上述原因导致泥炭地不是一个明显的N_2O的源[17-22]。目前全球变化导致的增温，大气N沉降的增加以及人类活动如农业发展带来的额外的P输入会导致泥炭地营养富集，打破原有的环境以及养分限制状态，植被以及凋落物的组成发生改变[23, 24]，使泥炭地这个巨大的N库受到威胁，泥炭地N_2O源汇功能将发生改变。

以泥炭藓为主要植被类型的泥炭地是养分受限制的生态系统，通常依靠大气N输入作为其外部营养的主要来源，导致泥炭地对N沉降增加比较敏感[25, 26]。众所周知，人为N添加和大气N沉降是N_2O排放重要的N源，沉积的N是硝化菌和反硝化菌的关键基质，N沉降的增加可能会加速土壤N_2O的排放。21世纪内约90 %的泥炭地所在的北半球，总N沉降率预计将增加2~3倍，是泥炭地N_2O排放的潜在威胁[27]。泥炭藓通过头状枝对大气中的N进行吸收，可以有效阻止N向土壤的淋溶[28]，但是如果泥炭藓对N的吸收达到饱和，额外的N就会直接进入土壤，参与N_2O生产过程，促进N_2O的排放[29-31]。P是泥炭地中重要的营养元素之一，也是微生物生长必需的营养元素[32]。1850年至2013年，全球自然和人为导致的P沉降量增加了50 %，并且在未来还会增加[33]。处于北半球的泥炭地生态系统由于低温、酸性以及特殊的水文条件导致其贫营养的环境，尤其受到P元素的限制[34]。然而，随着人类活动和农业发展的增加，泥炭地P的可用性可能会增加，这将导致P不再是泥炭地的限制因子[35]。微生物在其生长和代谢过程中对P的需求较高，在P限制的生态系统中，P添加会解除该限制，促进微生物对P的吸收，这会刺激硝化和反硝化菌的活性，加速土壤中N的周转速率，促进土壤N的矿化，产生更多的N_2O[36-38]。由此可见，N、P在泥炭地N_2O的产生和排放过程中扮演着重要的角色，以不同的方式控制着泥炭地有关N_2O的生物化学过程。

植物组成对土壤N_2O排放以及土壤N循环起着重要的调节作用[39]，植物对土壤中有效N的吸收会对硝化和反硝化菌可利用N底物产生影响[40]。在之前的研究中发现，高N添加会改变泥炭地表层植物凋落物的输入[34]。维管植物的剔除将缓解泥炭地N_2O的排放，可能机制是维管植物的根系分泌物会对产生N_2O的微生物提供能量来源，且维管植物的通气组织对N_2O的排放也有很大的贡献[41]，这说明全球变化带来的泥炭地植被类型的演替对 N_2O 排放的影响不容小觑。一项室内实验显示，N_2O 排放对有无植物根系的响应要大于对 N 添加的响应[42]，这更加突出了植物对 N_2O 排放的重要影响。全球变化背景下植被组成是调节泥炭地 N_2O 排放的重要生物因子，对未来泥炭地 N_2O 的产生和排放具有深远的影响[43]。胞外酶通过水解或者氧化过程降解土壤有机质，产生可被微生物利用的溶解性有机质，是微生物参与土壤生物地球化学过程的重要媒介[44]，其活性强度可直接反映泥炭分解的强弱[45-47]，对泥炭地有机质的积累以及缓解泥炭分解过程是非常重要的[48, 49]。胞外酶活性对外界温度以及营养输入的变化非常敏感，全球变化带来的增温和 N、P 输入的增加会刺激泥炭土壤微生物酶活性，进而影响泥炭土壤分解以及土壤中 C、N 和 P 的循环过程和 N_2O 生产中底物的供应，对泥炭地 N_2O 的产生和排放具有深远的影响。

1.1.2　研究意义

长期以来，泥炭地温室气体排放对全球变化响应研究主要集中在高纬度地区，有关中温带地区长期增温和 N、P 输入及其交互作用对山地泥炭地 N_2O 排放影响的研究还很少，同时由于泥炭地特殊的环境条件，导致泥炭地 N_2O 产生和排放特征与其他生态系统相比较为不同。基于此，我们选取长白山哈泥泥炭地长期（12 年）模拟全球变化实验样地，通过野外气体通量和生物和非生物因子的监测以及室内实验尝试探究全球变化下增温和 N、P 添加及其交互作用对山地泥炭地 N_2O 源汇功能的影响，以及泥炭地 N_2O 的源汇功能对生物和非生物因子改变的响应，并通过室内控制实验探究不同养分、水分及植被条件对泥炭 N_2O 通量的影响机制。该研究不仅可以了解该区域泥炭地温室气体排放对全球变化的响应规律，而且还可能丰富我们对泥炭地气候变化生态学以及泥炭地 N 循环的认识，对于在全球变化背景下估算中国东北温带地区泥炭沼泽温室气体排放总量意义较大，甚至对其理论发展提供数据支持。

1.2　相关文献综述

1.2.1　N_2O 的产生、排放和吸收

N_2O 是一种非常稳定的温室气体，是平流层氮氧化物（NOx）的主要组成部分，其破坏臭氧层的能力远高于氯氟烃类（CHCs）和氟化碳类（HFCs）化合物。20 世

纪80年代，在《关于消耗臭氧层物质的蒙特利尔议定书》签署之后，N_2O的危害还没有为世人所知，直到1997年在《京都议定书》签订以后，N_2O被认定为6种温室气体之一[3]。N_2O虽然在大气中的浓度很低，约是CO_2的千分之一，属于痕量气体，但是其全球增温潜势在100年时间尺度上是CO_2的273倍[1, 50]，对全球温室气体排放以及全球变暖的贡献不容忽视。

土壤是N_2O最重要的产生场所，也是最大的N_2O排放源[51-54]。在土壤中N_2O产生主要是靠两个重要的生物过程，即反硝化作用和硝化作用[55, 56]（见图1-1）。反硝化作用（Denitrification）是指反硝化微生物在厌氧条件下，以有机碳为能量来源，以硝酸根（NO_3^-）或亚硝酸根（NO_2^-）为反应底物，将其还原成一氧化氮（NO）、N_2O，最终还原成氮气（N_2）的过程。由于泥炭沼泽长期淹水导致土壤通气条件很差，因此反硝化作用通常也被认为是泥炭地中产生N_2O的主要途径[57-60]。反硝化作用一般认为可以分为四个步骤，每一步都有相应的酶参与[61]。第一步，NO_3^-在硝酸盐还原酶（NaR）的作用下，被还原成NO_2^-；第二步，NO_2^-在亚硝酸盐还原酶（NiR）的催化下，被还原成NO；第三步，产生的NO在一氧化氮还原酶（NOR）的作用下被还原为N_2O；第四步，产生的N_2O在氧化亚氮还原酶（N_2OR）的作用下被还原为N_2[62]。硝化作用（Nitrification）是指在通气条件较好的土壤中硝化微生物以无机碳（如CO_2）为能量来源，将铵根（NH_4^+）、氨气（NH_3）等还原态的N氧化为NO_2^-或者NO_3^-的过程[57]。传统意义上的硝化作用即是指自养硝化作用，一般分为两步，同样每一步中都有相应的酶参与反应。第一步，亚硝酸细菌将NH_4^+或NH_3在氨单加氧酶（HAO）的催化下氧化成NO_2^-；第二步，硝酸细菌将NO_2^-在亚硝酸盐氧化还原酶（NOR）的催化下进一步氧化成NO_3^-，其中N_2O是在NH_2OH氧化成NO_2^-的过程中生成的中间产物[63-66]。自然界中硝化和反硝化微生物分布特别广泛，一项研究显示，硝化作用产生N_2O的能力要高于反硝化作用，原因是全球氨氧化古菌（ammonia oxidizing archaea，AOA）分布非常广泛，其功能基因$amoA$可以参与硝化过程并产生N_2O[67]。硝化和反硝化作用在土壤以及泥炭地N循环中扮演者重要的角色，对维持大气中N平衡和调节生态系统N收支具有重要意义。

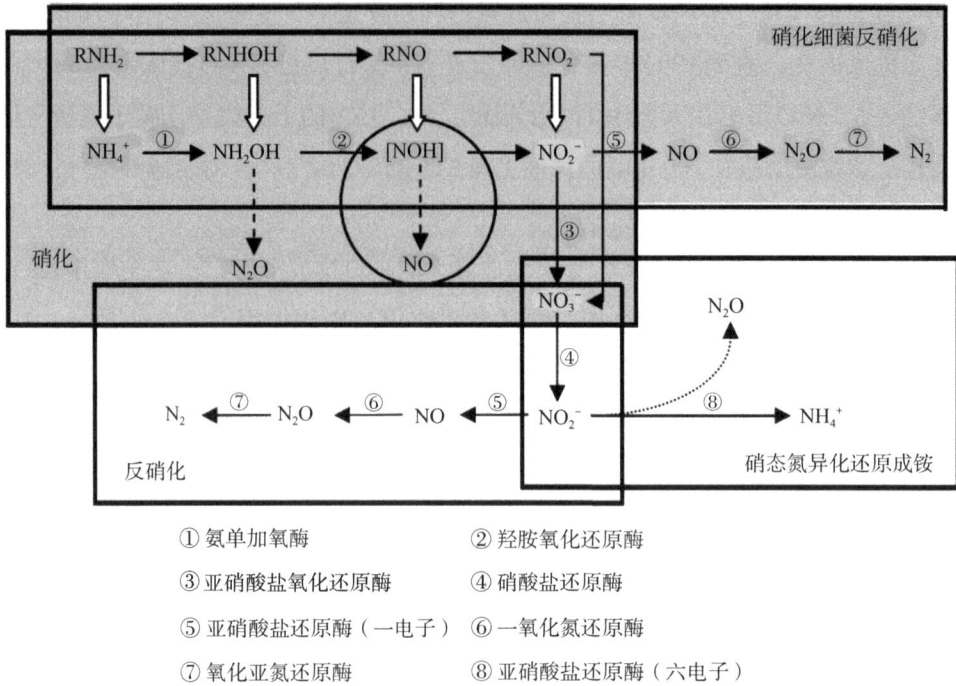

① 氨单加氧酶　　　　　　　　② 羟胺氧化还原酶

③ 亚硝酸盐氧化还原酶　　　　④ 硝酸盐还原酶

⑤ 亚硝酸盐还原酶（一电子）　⑥ 一氧化氮还原酶

⑦ 氧化亚氮还原酶　　　　　　⑧ 亚硝酸盐还原酶（六电子）

图 1-1　硝化作用和反硝化作用示意图 [57]

Figure 1-1　Nitrification and denitrification

影响硝化和反硝化作用的生物和非生物因子有很多，就发生条件而言，显然土壤中的氧气条件是影响硝化和反硝化作用最关键的非生物因子。在泥炭地中土壤水分条件将直接影响土壤通气条件，进而影响 N_2O 的排放和吸收[38, 59, 68, 69]。有研究表明，泥炭地中水位的下降会影响 N 的矿化速率从而导致 N_2O 的排放大幅度增加[70]，这是由于排水导致的淹水条件的缓解使硝化和反硝化作用同时发生，N_2O 通量增加。同样，Rückauf 等认为影响雨养型泥炭地土壤反硝化作用的关键因子是土壤含水量，他发现泥炭土壤含水率的变化会直接影响土壤中 N_2O/N_2，在土壤重新灌溉（湿润）后 N_2O/N_2 变小[22]。颜晓元等人发现，当土壤含水量在 70 % 以下时土壤产生 N_2O 的途径以硝化作用为主，而土壤含水量大于 70 % 时，N_2O 的主要来源是反硝化作用[71]。Werner 等在对森林 N_2O 监测时发现，当有降雨事件发生后 N_2O 呈现出脉冲式的排放，他们认为土壤湿度是调控 N_2O 排放的关键要素[72]。除了土壤水分或者通气条件外，土壤 pH 值、氧化还原电位（ORP）等其他土壤化学性质也会影响土壤 N_2O 排放。有研究发现 pH 值会对泥炭地反硝化作用产生影响进而影响 N_2O 的通量，这是由于氧化亚氮还原酶（N_2OR）的活性对 pH 值的变化较为敏感，较低的 pH 值会抑制 N_2OR 将 N_2O 向 N_2 的转化，从而产生更多的 N_2O[73, 74]。Yin 等认为长期施 N 肥对土壤

pH值的影响将会影响N_2OR的活性，从而影响N_2O的排放[75]。土壤的ORP反映了土壤中的氧化还原条件，ORP越高，土壤中的环境越趋于氧化环境，ORP越低，土壤中的环境则越趋于还原环境，因此ORP与N_2O的产生和排放密切相关。在泥炭地中由于其淹水环境导致土壤长时间处于还原环境，因此反硝化作用是泥炭地土壤产生N_2O的主要途径。有研究发现，当ORP = 400 mV时，土壤中产生N_2O的途径主要是硝化作用，而ORP < 200 mV时，反硝化作用产生的N_2O的量要高于硝化作用产生的N_2O，当ORP = 0 mV时，土壤中的反硝化作用产生N_2O的速率最高，且是产生N_2O的主要来源[76, 77]。除了上述环境条件外，其他因子例如泥炭地类型，土壤的冻融循环以及土壤可利用性C浓度等都会影响N_2O的产生和排放[78-84]。

N_2O在土壤中产生后向大气传输的过程中会被消耗，例如充当反硝化作用中的电子受体，被还原成N_2。排放到大气中的N_2O也有可能被重新吸收回土壤中或水体中，因此N_2O的通量是产生和吸收（消耗）后的结果，即通量 = 产生 − 消耗。当N_2O的产生量大于消耗时，通量为正值表示排放；当N_2O的产生量小于消耗时，此时大气中的N_2O会被吸收回土壤中，通量为负值表示吸收，所以土壤不仅是N_2O的主要来源，也是N_2O最主要的汇[51, 59, 60]。目前大多数研究都在关注N_2O的净排放，但是N_2O的吸收（消耗）经常被忽略，N_2O的吸收和排放其实同样重要[60, 68, 85]。有相关统计表明，从1999年到2021年，有关N_2O吸收或者N_2O消耗的文章仅占所有有关N_2O研究文章的百分之一，但是近几年有关N_2O汇的关注度正在逐步提高[60]。如上文所述，在泥炭地生态系统中，由于其长期淹水的环境条件，反硝化作用常常被认为是产生和排放N_2O的主要生物化学过程，反硝化反应中最后一步是N_2O被还原成N_2的过程，此时N_2O会作为唯一的电子受体，从而被消耗和吸收。氧化亚氮还原酶（nitrous oxide reductase，N_2OR）通常负责将N_2O还原为N_2，其活性对氧气（O_2）含量极其敏感，且在低pH值环境下活性很低[60, 68]。Amha 和 Bohne 对比了四种不同类型泥炭地（富营养型、中营养型，贫营养型和过渡型）反硝化作用和N_2O的排放特征，发现土壤含水量是影响反硝化作用和N_2O产生和吸收的最主要的影响因子[73]。反硝化作用中将N_2O还原为N_2的功能基因为nosZ（nosZ-clade I 和 nosZ-clade Ⅱ），其丰度与土壤O_2含量呈负相关，与N_2O的吸收量呈正相关[59, 60, 85, 86]。据报道，洪水有助于N_2O的消耗，在100 % 和125 %WFPS处理下，土壤表面有一个5厘米的水层，可以分离O_2，而75 % 和100 % WFPS的nosZ基因拷贝数高于其他含水量处理，在25 %的WFPS处理中发现的nos Z基因拷贝数最低[87]。有研究发现，当排水后的泥炭地重新灌溉湿润后N_2O的排放大大减少[88]，还有研究发现酸性土壤条件下可能

会抑制 N_2O 产生，从而出现 N_2O 吸收现象[89]。Liu 等通过室内试验发现，当土壤含水量低于 40 % 时 N_2O 排放很低，在 85 % 含水量时 N_2O 排放最高，而在 100 % 含水量时 N_2O 有吸收的现象，他们认为这是 nosZ 基因丰度高的原因导致[85]。除了水分条件，养分条件的高低也会影响 N_2O 的吸收，Yi 和 Bu 的研究表明，泥炭地中当水分条件有利于 N_2O 吸收时，在高 N 水平沉降下 N_2O 吸收更为强烈[17]，同样，Liu 等的室内实验也证明了这一点[85]。除了上述生物化学过程对 N_2O 的吸收和消耗，还有很多物理过程也会促进 N_2O 的吸收。例如在大气压力下，N_2O 会从大气中吸收到土壤孔隙中或者水体中，尽管 N_2O 溶于水的能力很差[90, 91]。

1.2.2　全球变化下泥炭地 N_2O 通量特征

尽管泥炭地是一个巨大的 N 库，但由于其长期低温、酸性以及耐分解的环境条件使其不是一个显著的 N_2O 的源，在很多报道中泥炭地甚至是 N_2O 的汇，对减缓气候变化引起的温室效应有着不容小觑的作用[21, 55, 73, 92, 93]。但目前泥炭地正在遭受着全球变化带来的增温和 N、P 添加增加的威胁，这将打破原有的营养限制，促进泥炭分解，改变凋落物组成，最终可能会导致泥炭地成为 N_2O 的排放热点，同时，其他研究还发现湿地也是一个巨大的 N_2O 的源[92]。泥炭沼泽对全球变化的不同的响应使其对 N_2O 源汇功能非常复杂，因此了解全球变化背景下泥炭地 N_2O 的通量特征以及对环境因子变化的响应至关重要。

1.2.2.1　*增温*

温度是调节陆地生态系统生物地球化学过程的关键因素，土壤呼吸、微生物活性、植被组成、凋落物分解以及 N 的矿化等均受温度的调节[4]。陆地生态系统对温室气体浓度增加所带来的全球变暖的响应，也反映出温度是控制温室气体动态的重要因子之一[19, 94]。21 世纪内全球温度预计增加 0.3 ~ 4.8 ℃[2]，北半球中高纬度地区泥炭地正遭受着较为强烈的气候变化的影响，它们对气候变化更为敏感，并且在时间和空间上差异很大[95]。环境变化对泥炭地不稳定 N 库影响非常大，泥炭地尤其是以泥炭藓为主要植被类型的贫营养泥炭地因其酸性和低温厌氧环境，有机物的分解非常缓慢。温度升高会加速泥炭地有机物的分解，为硝化和反硝化过程提供更多的有机底物，从而促进 N_2O 的产生和排放[96, 97]。Updegraff 等发现泥炭地不稳定 N 库对温度变化非常敏感，温度的升高会加速 N 的矿化速率，提高泥炭地营养可利用性[69]。一个荟萃分析表明全球范围内湿地生态系统在增温（野外或者室内实验）后 N_2O 排放显著增加，根据他们的汇总得出湿地平均每年的 N_2O 排放量增多 2.01 kg ha^{-1} ℃ $^{-1}$[98]。

N_2O 通量对温度变化的响应非常迅速，这是由于硝化和反硝化菌对温度的变化很敏感，众多研究均指出 N_2O 的产生速率与温度呈显著正相关关系[99, 100]。硝化和反硝化作用发生的最适温度在 30 ℃ 左右[101, 102]，由于北方生态系统受温度限制严重，N_2O 的产生和排放也因此受限，气候变化引起的全球温度升高会刺激硝化和反硝化微生物的活性，加速微生物对 N 底物的利用，产生更多的 N_2O[94]。Bahram 等结合室内和野外实验，对全球 645 个湿地土壤样本的测定后发现，全球持续的增温会加速湿地硝化古菌的繁殖，提高硝化古菌的丰度从而提升 N_2O 的通量[92]。还有研究显示，增温会提高土壤水分的蒸散发作用，土壤水分下降导致主导硝化作用产生 N_2O 的功能基因 amoA 丰度增加，降低了反硝化作用中将 N_2O 还原为 N_2 的 nosZ 基因的丰度，这将会促进土壤产生更多的 N_2O[99]。Qin 等通过室内实验发现，氧化亚氮还原酶活性在增温后大幅增加，这会导致 N_2O 的吸收增加，但是到 40 ℃ 之后活性开始下降，有排放 N_2O 的趋势[103]。Marushchak 等观测到北极地区泥炭地 N_2O 的排放通量随着温度的升高而增加，这是因为增温刺激了寒冷地区土壤中微生物活性，促进了分解最终导致 N_2O 通量增加[104]。Xue 的研究表明增温提高了再湿润泥炭地 N_2O 的通量，他们通过结构方程模型发现，增温显著提高了泥炭地微生物活性，这可能是 N_2O 排放增加的关键因素[105]。

增温对泥炭地植物组成的影响会直接或者间接影响 N_2O 的通量[41, 43]。Chapin 等发现温度升高不仅增加了养分利用率，同时还延长了生长季，这将促进维管植物的生长，并改变泥炭地植物物种的组成，维管植物的增加有利于深层 N_2O 向大气的散逸，而且根系还会为产生 N_2O 的生物化学过程提供养分，最终导致 N_2O 排放的增加[4, 106, 107]。除了增温对 N_2O 的排放有积极效应外，也有研究得出相反的结果。Gong 等的研究发现增温没有促进北方泥炭地 N_2O 的排放，他认为这可能是由于增温促进了维管植物的生长，引起了维管植物与产生 N_2O 的微生物对可利用底物的竞争，导致微生物的可利用底物减少，N_2O 排放减弱[58]。同样，Oestmann 等通过两年的增温实验发现，增温显著促进了泥炭地 CO_2 和 CH_4 的排放，但是 N_2O 的排放并没有因为增温而显著增加，他们认为由于高水位和高植被盖度成为 N_2O 排放的阻碍[108]，这也体现出 N_2O 通量有别于其他两种温室气体对于增温的响应。Yi 和 Bu 的研究则表明泥炭地中增温导致的维管植物的增多会促进 N_2O 的排放，因为通气组织的存在可以为 N_2O 向大气排放提供通路[17]。Gong 和 Wu 在对加拿大一个雨养型泥炭地 N_2O 排放特征的研究中发现，增温引起的维管植物的增加会消耗土壤中可利用的C、N底物进而减少N_2O的通量，但是在剔除维管植物的样方中N_2O排放随增温而增加，他们认为增温对泥炭地N_2O的影响是通过植被来调节的[43]。

1.2.2.2　N沉降

泥炭地正在经历着全球变化带来的影响，例如大气N沉降的增加[1, 2, 109]。生态系统的人为N富集，主要来自燃料燃烧和人工施肥，改变了生态系统的生物地球化学循环，从而导致生物温室气体通量的改变[110]。在过去的100多年间，人类活动导致的N排放增加了10倍以上，预计到21世纪末，大气N沉降浓度还会比现在再增加3～5倍[111, 112]。目前，人类活动在全球范围内极大地改变着氮素从大气向陆地生态系统输入的方式和速率，人为固定的氮素正在不断积累，并对生态系统的结构和功能产生显著影响[113]。N沉降的增加对湿地生态系统产生了一系列不利影响，例如土壤矿物质耗竭、土壤酸化、生物群落结构的改变和水体富营养化[53]。泥炭地正在遭受着人为改造例如排水之后改为耕地，全球有大概10%～20%的泥炭地已经被人为改造为了农业用地，人为N输入会严重影响湿地生态系统N循环，产生更多的N_2O[53, 114]。N是调节温室气体产生和被吸收的重要因素之一[115, 116]，N循环同样是泥炭地中最复杂、最重要的生物化学过程之一，气态氮损失是泥炭地N输出过程中重要的一环[7, 117]。一般来说，泥炭地由于长期的淹水和厌氧环境为反硝化作用的发生提供了条件，反硝化作用是泥炭地N_2O产生的主要途径[18, 21, 100, 118]。然而，在以泥炭藓为主要植被类型的贫营养泥炭地（ombrotrophic peatland），反硝化作用的反应底物NO_3^-的含量非常低，是典型的NO_3^-限制生态系统，虽然泥炭地为反硝化作用提供了良好的反应条件和场所，但是由于泥炭地本身N限制的原因，反硝化作用中最重要的反应物质硝酸盐和亚硝酸盐较为缺乏，导致泥炭地本身N_2O并不是很高[19, 59, 79, 119]，在多年冻土泥炭地，低N_2O通量是由于矿物氮的缺乏，这是由于有机质在寒冷气候中矿化缓慢[120]、低的大气氮沉降[121]，以及植物和微生物之间对有效氮的高度竞争造成的，在北方泥炭地也是如此。因此全球变化导致的大气N沉降增加会增加反硝化作用的底物从而促进N_2O的产生和排放[58, 73, 84]。

Amha和Bohne对不同营养状况的泥炭土进行培养实验后发现，富营养泥炭的反硝化速率最高，因为其NO_3^-含量最高[73]。Liu等经过培养实验后指出，土壤中NO_3^-的含量与N_2O的产生量呈正相关[85]。Gong等的研究发现，在加拿大北部泥炭地进行两年的N添加实验后，N添加处理N_2O排放显著增加，他们认为土壤中营养

元素的富集是导致 N_2O 的关键，并得出全球变化导致 N 沉降的增多将会刺激北方泥炭地 N_2O 的排放的结论[58]。Song 等在中国东北一处湿地进行短期 N 添加实验之后 N_2O 排放显著增加，他们发现 N 添加后土壤酶活性增强，土壤 C：N 比值减小，N 的有效性和地上生物量增加，这些生物和非生物因子的改变都与 N_2O 的排放有关[122]。Gao 等在青藏高原一处泥炭地的控制实验中发现，N 添加会加速 N_2O 的产生和排放[123]。Yin 等有关热带人工泥炭地 N_2O 排放研究中发现，在 $13\ g\ N\ m^{-2}\cdot a^{-1}$ 的 N 输入水平下，N_2O 排放通量显著高于其他 N 水平输入通量（N 输入水平均低于 $10\ g\ N\ m^{-2}\cdot a^{-1}$），这说明不同施肥梯度之间 N_2O 消耗过程的差异可以控制农业土壤中 N_2O 净排放和 N_2O 净吸收[75]。N 添加和其他环境因素的交互作用会以不同的方式影响泥炭地的 N_2O 通量。Gao 等通过控制水位和 N 添加的梯度研究了青藏高原高山泥炭地 N_2O 的排放特征，他们发现不同水位条件下 N 添加均会促进 N_2O 的排放[124]。Cui 等通过室内和野外实验发现，北方泥炭地在高水平 N 输入下 N_2O 会快速排放，并且和冻融过程有显著的交互作用[68, 84]。N 沉降的增加除了会直接增加硝化和反硝化作用的反应底物，还会刺激微生物活性从而加速泥炭的分解。Bragazza 等曾报道泥炭地中 N 沉降的增加会促进泥炭以及植物凋落物的分解，造成泥炭地 C 的损失，额外的 N 输入除了会为产生 N_2O 的微生物提供基质以外，以 DOC 形式流失的 C 会为产生 N_2O 的微生物提供能量来源，刺激产生更多的 N_2O[125, 126]。N 沉降的增加对泥炭地植物组成的影响非常显著，这可能会间接影响 N_2O 的通量，有研究发现长期 N 添加会加速泥炭藓的死亡，促进维管植物的生长，泥炭土壤的分解加速，导致泥炭地营养元素的可利用性提高，N_2O 排放增加[127-130]。

综上所述，在全球变化背景下，人类活动造成的全球 N 沉降速率越来越高，N 在泥炭地的沉积带来的泥炭地营养状况的变化，必将导致泥炭地 N_2O 的排放加剧，最终导致全球变暖速率变快。目前国内外很多研究大多数集中研究 CO_2 和 CH_4 的排放特征及其排放机制，对 N_2O 排放特征及机制，以及 N_2O 在整个泥炭地 N 循环当中起到的作用方面的研究还较少，尤其是在全球变化背景下有关泥炭地 N_2O 排放的研究还不全面。本研究通过观测长期模拟 N 沉降条件下 N_2O 排放特征，结合探究 N_2O 产生和排放的机理研究，将会丰富和补充有关泥炭地 N_2O 排放以及整个陆地生态系统氮循环的研究。

1.2.2.3 植被组成

陆地生态系统正受到日益增加的环境压力和人类需求的影响，这些因素正在影响全球植被群落组成和多样性[131]。有人认为植被变化对生态系统过程的影响程度可以与环境变化的影响程度相媲美[132-134]。泥炭地有两种典型的植被类型群，即维管植物（灌木和禾本科植物）和苔藓植物。气候变化模型预测北方泥炭地将会经历更高的温度和更长的生长季[135]，这将伴随着维管植物的增加和地衣及苔藓植物的减少[136, 137]。当前的全球变化正在改变着泥炭地的植被组成，而植被组成对N_2O的排放有着很大的影响，甚至是调控泥炭地土壤N循环和N_2O排放的关键生物因子[39, 43, 138]。植物对土壤中有效N的吸收会对硝化和反硝化菌可利用N底物产生影响[40]。泥炭藓作为大多泥炭地的主要植物成分，是泥炭地中N的主要利用者之一，也是大气N沉降的过滤者，泥炭藓通过头状枝对大气中的N进行吸收，可以有效阻止N向土壤的淋溶[23, 28]。在养分限制的泥炭地生态系统中，持续增加的N沉降会对泥炭藓固氮效率带来负面影响，养分有效性的增加会促进维管植物的生长，但会减少泥炭藓生长[129, 139]。Bragazza等研究发现，当N沉降的速率大于$0.5g\ N\ m^{-2} \cdot a^{-1}$时，会大大降低泥炭藓的固氮效率[140]，而大于$10g\ N\ m^{-2} \cdot a^{-1}$时，泥炭藓固氮能力达到饱和，不再进行固氮[141]，导致更多的N进入土壤中，刺激硝化和反硝化过程，产生更多的N_2O，也会促进喜氮植物小灌木的生长[142]。Sheppard等通过10年的野外模拟N沉降实验发现，长期模拟N沉降会使泥炭地中的泥炭藓和维管植物盖度减少，并且会使表层泥炭暴露在大气中，促使泥炭的分解最终导致N_2O大量排放[143]。

Rudolph和Voigt通过N添加实验发现，N的增加会导致泥炭地中泥炭藓和维管植物中易降解成分的含量增加，加速了泥炭地有机物的分解[144]，这样会为产生N_2O的相关反应增加了可利用底物，促进N_2O的产生和排放。维管植物有较高的吸收土壤中N的能力，这使得它们在影响土壤中微生物N周转方面起着重要的作用[22]。Gong等研究发现，不同的植被组成对于N_2O排放的影响是不同的，他发现移除苔草后会显著增加N_2O的排放，这可能是因为苔草的移除会减少植物根系和微生物对于养分的争夺，增加微生物对N的利用性，产生更多的N_2O[107]。Gong等对近300个有关泥炭地温室气体排放特征的结果进行了分析，总结了这些研究中有关植被组成对泥炭地温室气体排放的影响，综述中提到尽管不同的植被组成类型对泥炭地N_2O排放的影响是不同的，但是无论去除哪种维管植物均会减少N_2O的排放[138]。Ward等研究发现，尽管在不同植被类型处理下N_2O排放量很小，但是植被组成在生长季和非生长季对N_2O的汇都有很强的影响，当去除苔藓保留灌木时N_2O的汇最强[19]。Le等对加拿大北方泥炭地的植被剔除实验表明，维管植物的剔除将缓解泥炭地N_2O的排放，可能机制是维管植物的根系分泌物会对产生N_2O的微生物提供能量来源，且维管植物的通气组织对 N_2O 的排放也有很大的贡献[41]，这说明全球变化带来的泥炭地植被类型的演替对 N_2O 的排放调节作用可能比 N 沉降的增加还要重要。维管植物的存在对泥炭地 N_2O 排放的影响是多方面的，Jorgensen 等的研究发现，由于维管植物的存在，氧气（O_2）会通过通气组织传输到根系周围，这将会改变土壤中的 O_2 条件，进而影响 N_2O 的产生和排放[145]。Shen 等的室内实验显示，N 添加貌似对土壤 N_2O 的排放没有显著效果，而 P 添加导致植物盖度的增加使土壤 N_2O 排放提高了约 100 %，他们认为 N_2O 排放对有无植物根系的响应要大于对 N 添加的响应[42]，这更加突出了植物对 N_2O 排放的重要影响。综上所述，全球变化背景下植被组成是调节泥炭地 N_2O 排放的重要生物因子，对未来泥炭地 N_2O 的产生和排放具有深远的影响[43]。

1.2.2.4 磷添加

陆地植物的初级生产力受到基本营养元素的广泛限制，尤其是 N 和 P，全球 43 % 的陆地土壤处在 P 限制的状态[146, 147]。P 是泥炭地中重要的基本营养元素之一，在植物生长、发育和繁殖过程中具有重要的作用，也是微生物生长必需的营养元素[32]。自 19 世纪以来全球变化导致的 P 排放量增加了 50 %，在未来，生态系统的 P 输入也将会因此而增加[33]。北方泥炭地生态系统由于低温、酸性以及特殊的水文条件导致其贫营养的环境，植物生长和分解作用通常受到 P 元素的限制[34, 147]。然而，随着泥炭地遭受的例如排水改造等人类活动的不断增加，使泥炭地 P 的可用性逐渐增加，这将导致 P 不再是泥炭地的限制因子[35, 53, 114]。微生物在其生长和代谢过程中对 P 的需求较高，在 P 限制的生态系统中，P 输入的增加会解除该限制，促进微生物对 P 的吸收，这会刺激硝化和反硝化菌的活性，加速土壤中 N 的周转速率，促进土壤 N 的矿化，产生更多的 N_2O[36-38, 148]。Li 等的研究发现，北方泥炭地在 N、P 添加之后土壤酶活性显著提高，这将促进泥炭的分解，加速土壤中 C、N 的循环，从而为硝化和反硝化微生物提供能量和反应底物，促进 N_2O 的排放[149, 150]。

在 N 限制的生态系统中大量 N 输入可以补充 N 素的不足，提高植物的生产力[151]，但当 N 输入超过一定阈值时，就会破坏植物对不同营养元素吸收的平衡，降低植物对寒冷等天然胁迫的抵御能力，使生态系统更易受 P 的限制[152, 153]。Malmer 和 Wallén 有关沼泽植物对 N、P 沉降响应的研究发现，瑞典南部沼泽常年处于 P 限制的状态，N 沉降会加速厌氧层泥炭的分解，引起泥炭中可利用 P 浓度的增加，导致维管植物的增多[24]，维管植物的通气组织能够为深层泥炭产生的 N_2O 提供排放通路，最终导致泥炭地 N_2O 通量增加[41, 154-156]。Chen 等的研究发现，P 添加可以影响土壤中的N动力学，在N饱和的土壤中添加P之后会加速土壤中N的矿化[157]，这将导致泥炭中可利用N的浓度增加，N_2O排放也会因此而显著增强。Wang等对青藏高原草地N_2O排放特征的研究发现，P添加和与N的共同添加对土壤N_2O排放均有显著的促进效应，而且在非生长季的排放量非常可观[36]。Li等发现N或者P的单独添加对土壤N的转化速率以及硝化作用没有显著的促进作用，但是N和P的共同添加导致N_2O排放较对照组增加了约60%，尤其在雨季排放量更为明显，他们认为P的添加放大了N添加对微生物的刺激作用，导致N_2O排放增加[158]。

除了上述P添加对N_2O排放的积极作用，P添加还会减少土壤N_2O的排放或者缓解N添加对N_2O排放的积极效应[157, 159, 160]。P添加会促进土壤微生物固N，促进维管植物的生长，这会导致植物和微生物对可利用N的竞争，造成微生物可利用底物相对减少，缓解土壤N_2O的排放[161]。Mori等的研究发现，P添加解除了喜磷植物的P限制，促进了这些植物的根系对N和P的获取和吸收，导致土壤中的总磷以及微生物生物量P显著降低，致使N_2O排放显著下降[159]。P添加还会影响泥炭地植物凋落物的组成和分解，这可能会间接地影响泥炭地N_2O排放。Lu等的研究发现P添加之后由于维管植物的增多，提高了泥炭地凋落物输入的品质和数量，这将为产生N_2O的生物化学过程提供底物来源，大大提高了泥炭地排放N_2O的潜力[127]。相反的是，Zhang等的研究发现P添加对土壤中凋落物的分解没有显著作用，他们认为P的添加抑制了分解C的微生物活性和总微生物量[162]，这可能导致土壤中产生N_2O的微生物对P的添加没有响应。

综上所述，P添加对泥炭地土壤N_2O排放的影响机制比较复杂且是多方面的，而且多数研究集中在森林和草原生态系统，与N沉降相比，有关长期P添加和N、P同时添加对山地泥炭沼泽N_2O排放的影响的研究还很少。

1.3　研究目标与内容

1.3.1　研究目标

本研究通过长期模拟全球变化的野外实验，探究增温和不同水平的N、P添加及其交互作用对温带山地泥炭地N_2O源汇功能的影响，以及泥炭地生物和非生物因子，包括植被组成、水文条件、胞外酶活性、泥炭孔隙水及土壤的理化指标对长期全球变化的响应及其对泥炭地 N_2O 通量的累积影响。此外，通过短期室内控制实验尝试解答调控泥炭地 N_2O 净通量的 3 个关键因子（养分条件、水分条件和植被组成）在全球变化背景下对泥炭 N_2O 产生和排放的影响及机制。

1.3.2 研究内容

本研究的主要研究内容包含以下几个方面：

1.3.2.1 长期增温条件下哈泥泥炭地 N_2O 源汇功能及生物和非生物因子的变化

利用静态箱–气相色谱法以及其他检测手段，通过对哈泥泥炭地 N_2O 通量以及生物和非生物因子一个生长季的监测，评估长期增温对哈泥泥炭地 N_2O 源汇功能及生物和非生物因子的影响。

1.3.2.2 长期磷添加及其与增温的交互作用对泥炭地 N_2O 源汇功能及生物和非生物因子的影响

结合野外原位 N_2O 通量和环境指标的监测，以及实验室内对水、土样的化验结果，揭示哈泥泥炭地在长期磷添加及其与增温的交互作用下 N_2O 源汇功能以及生物和非生物因子的变化。

1.3.2.3 长期氮添加及其与增温的交互作用对泥炭地 N_2O 源汇功能及生物和非生物因子的影响

通过野外原位 N_2O 通量和环境指标的监测，以及对水、土样的理化指标的测定，研究哈泥泥炭地在长期氮添加及其与增温的交互作用下 N_2O 源汇功能以及生物和非生物因子的变化。

1.3.2.4 长期氮、磷共同添加对泥炭地 N_2O 源汇功能及生物和非生物因子的影响

通过野外原位 N_2O 通量和环境指标的监测，以及对泥炭水、土样的化验，探究长期氮、磷添加及其二者的交互作用对哈泥泥炭地 N_2O 源汇功能以及生物和非生物因子的影响。

1.3.2.5 泥炭地养分条件、水分条件及植被组成对 N_2O 通量的影响及机制

通过对野外原位 N_2O 通量以及其他因子监测结果的分析，发现养分条件、水分条件及植被组成是调控哈泥泥炭地 N_2O 源汇功能的关键因子，因此设计3因素室内控制实验，阐明泥炭地养分条件、水分条件及植被组成的变化对泥炭地 N_2O 产生和排放的影响及机制，以及对比全球变化对泥炭 N_2O 通量的长期和瞬时影响的不同。

1.3.3 技术路线图

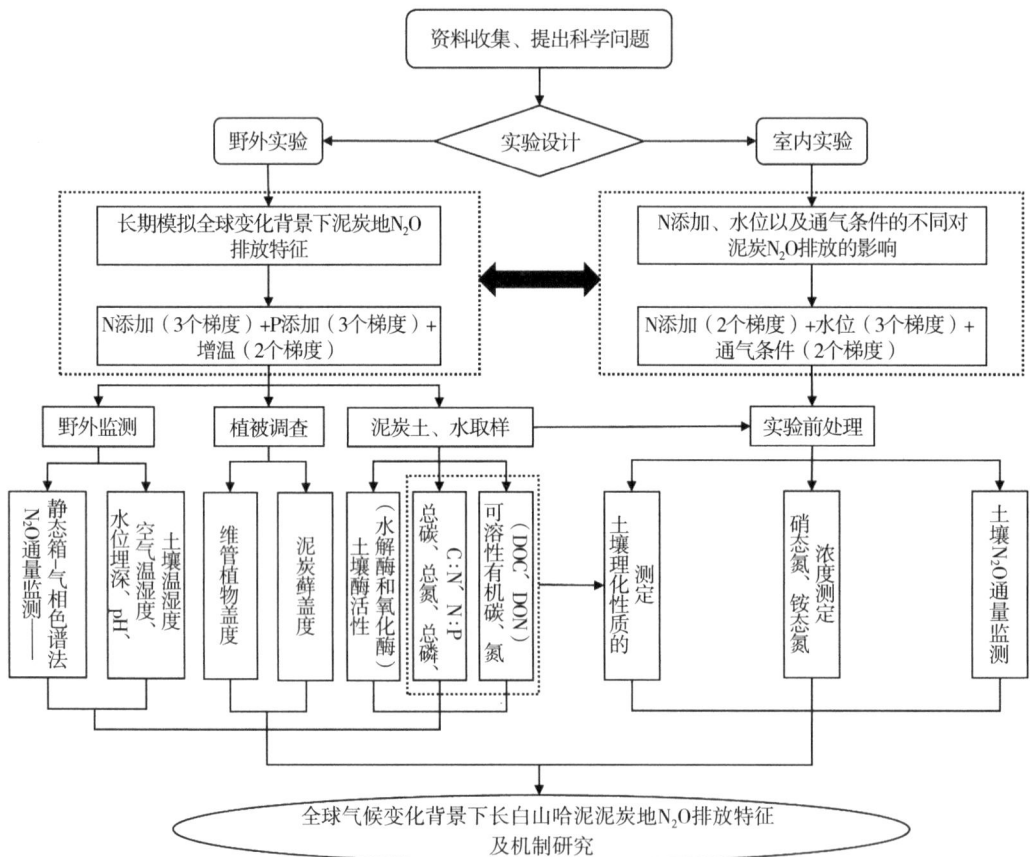

图 1-2 技术路线图

Figure 1-2 Technology roadmap

1.4　创新点

目前关于长期增温、氮添加和磷添加及其三者之间的交互作用对山地泥炭地 N_2O 净通量和生物、非生物因子的影响及机制尚不明确。本研究通过长期模拟全球变化（12年）实验平台，探究了上述3个因子对温带山地泥炭地 N_2O 产生和排放的影响，以及生物和非生物因子对这3个因子的响应，揭示了长期全球变化对泥炭地 N_2O 源汇功能的影响机制，此为本研究的特色之处。

长期全球变化引起的泥炭地生物和非生物因子的改变对泥炭地 N_2O 源汇功能直接和间接的影响是复杂的。本研究通过室内控制实验探究影响 N_2O 产生和排放的关键因子，即养分条件、水分条件和植被组成的变化对泥炭 N_2O 净通量的影响，阐明泥炭地 N_2O 通量对全球变化的响应机制，以及环境变化的瞬时和累积效应对泥炭地 N_2O 通量的不同影响，此为本研究的创新之处。

2　研究区概况与研究方法

2.1　研究区概况

本研究的研究区哈泥泥炭地位于中国东北长白山西麓吉林省通化市柳河县龙岗山脉中部，坐标位置为东经126°31′05″，北纬42°12′50″，面积为16.78 km^2，泥炭层集中分布在15 km^{2}内，海拔约900 m，气温常年偏低，年均气温为2.5 ~ 3.6 ℃，全年 ≥ 10 ℃ 活动积温为2600 ℃ 左右，年降水量为757 ~ 930 mm，夏雨占60 %，霜期245 ~ 259天，封冻期半年以上（11月至翌年4月），为中温带大陆性山地湿润季风气候，是东北地区大型泥炭地之一[163]。哈泥泥炭地的类型是富营养向贫营养过渡的一种泥炭地，地表电导率为21 μs/cm，pH值为5.5 ~ 5.8，氧化还原电位约为221 mV，溶解氧大概为6.5 mg L^{-1}[164]。按乔木优势度高低可大体划分为有林和开阔地两种生境，有林生境呈环带状分布于泥炭地边缘，并向泥炭地内部延展，将整个泥炭地分割成4个大小不一的开阔地生境，开阔地泥炭深度在3 ~ 10 m左右，土壤为泥炭土[165]。哈泥泥炭地植被群落丰富，按结构可分为乔木层、小灌木层和苔藓地被层，乔木层仅有长白落叶松（*Larix olgensis*）1种，灌木层以油桦（*Betula ovalifolia* Rup.）为优势种，狭叶杜香（*Ledum palustre* var. *angustum*）和笃斯越橘（*Vaccinium uliginosum*）为亚优势小灌木，伴生有小叶杜鹃（*Rhododendron parvifolium*）等多种小灌木；苔藓以毛壁泥炭藓（*Sphagnum imbricatum*）为优势种，中位泥炭藓（*S. magellanicum*）和锈色泥炭藓（*S. fuscum*）为亚优势种，伴生其他多种泥炭藓、沼泽皱缩藓（*Aulacomnium palustre*）、桧叶金发藓（*Polytrichum juniperum*）等藓类植物[93, 166]。

2.2 研究方法

2.2.1 野外实验设计

本研究的野外实验工作在哈泥泥炭地长期模拟全球变化样地中进行[93]。模拟全球变化实验于2007年8月开始布置，采用的是随机区组析因实验设计，实验包含3个控制因子，分别为增温（Warming）、氮（N）添加和磷（P）添加。其中增温设置了2个梯度，分别为增温（H1）和不增温（H0）；磷添加设置了3个梯度，分别为0 kg P ha^{-1} a^{-1}（P0）、5 kg P ha^{-1} a^{-1}（P1）和10 kg P ha^{-1} a^{-1}（P2）；氮添加设置了3个梯度，分别为0 kg N ha^{-1} a^{-1}（N0）、50 kg N ha^{-1} a^{-1}（N1）和100 kg N ha^{-1} a^{-1}（N2），实验共计18个处理，每个处理4个重复，共72个样方（见图2-1）。本研究的施氮水平N1和N2分别约为长白山区氮沉降背景值的2倍和4倍[167]，施磷水平P1和P2分别约为中国东北地区农田平均施水平的0.2倍和0.4倍[168]。为了避免微地形差异对实验结果造成的误差，所有样方均设置在了开阔地中的独立藓丘上，藓丘之间的高度大小尽可能相似，植物类型以泥炭藓为主，并伴有少量的维管植物。每个样方面积大小为0.8 m × 0.8 m，相邻的样方间至少以1 m的缓冲区隔开。样地中各个样方之间由木板制成的栈道连接，一是避免气体采样时由于人为踩踏从而破坏样方或者影响气体监测的结果。二是方便实验人员在监测气体通量时走动。

本研究通过使用透光率为89 %，厚度为2 mm的透明PC（聚碳酸酯）板制作而成的四边形开顶棚（OTC）（顶部0.8 m × 0.8 m，底部1.2 m × 1.2 m）实现被动增温[169, 170]，增温棚在保证阳光照射的前提下，通过阻止空气对流，减少热量散失的方式实现增温。N和P的添加通过施洒硝酸铵（NH$_4$NO$_3$）和二水磷酸二氢钠（NaH$_2$PO$_4$·2H$_2$O）实现。在2007—2019年，通过计算后分别将相应施肥量的NH$_4$NO$_3$和NaH$_2$PO$_4$·2H$_2$O溶于300 mL的蒸馏水中喷洒到对应的样方中，施肥频率为生长季（5月至9月）每月施洒1次，共计5次。未施肥的样方施加相同量的蒸馏水。

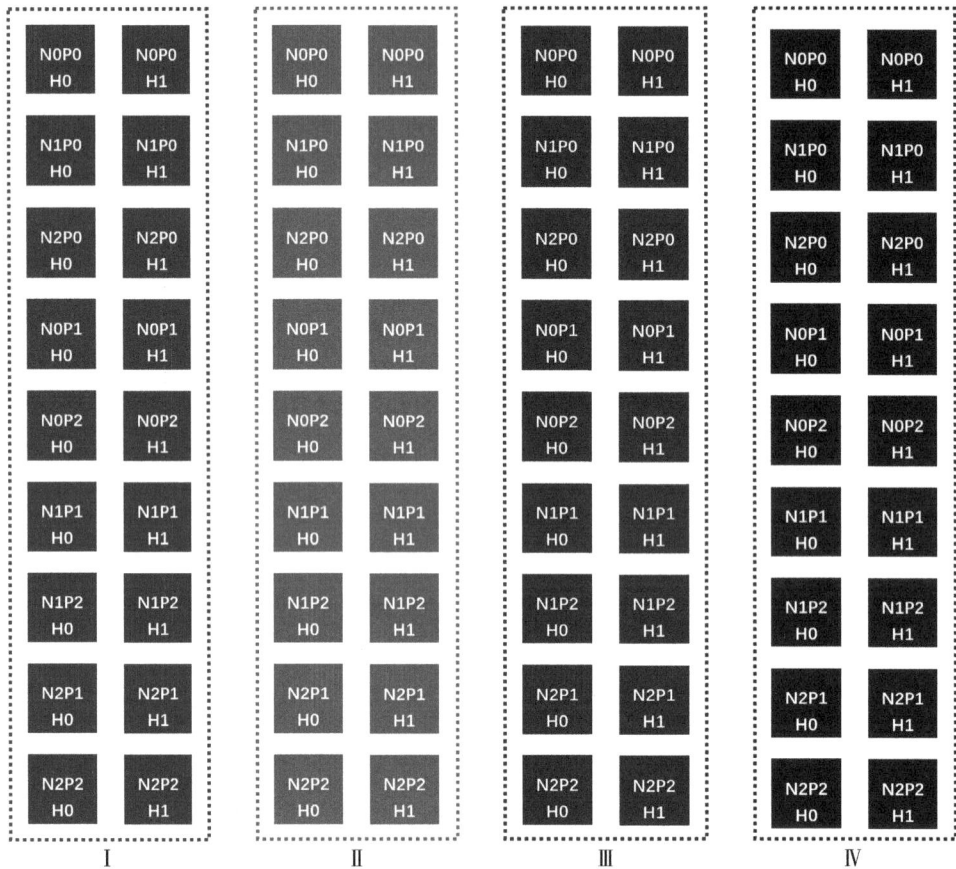

图 2-1　哈泥泥炭地长期模拟全球变化实验设计示意图

Figure 2-1　Diagram of long-term simulation of global change experiment in Hani peatland

注：N0，无 N 添加；N1，N 添加水平为 50 kg N ha^{-1} a^{-1}；N2，N 添加水平为 100 kg N ha^{-1} a^{-1}；P0，无 P 添加；P1，P 添加水平为 5 kg P ha^{-1} a^{-1}；P2，P 添加水平为 10 kg P ha^{-1} a^{-1}；H0，无增温；H1，增温。Ⅰ、Ⅱ、Ⅲ、Ⅳ代表 4 个区组重复。

Note：N0，no N addition；N1；N addition with 50 kg N ha^{-1} a^{-1}；N2，N addition with 100 kg N ha^{-1} a^{-1}；P0，no P addition；P1，P addition with 5 kg P ha^{-1} a^{-1}；P2，P addition with 10 kg P ha^{-1} a^{-1}；H0，no warming；H1，warming. Ⅰ，Ⅱ，Ⅲ，Ⅳ represent 4 block replicates.

2.2.2　N$_2$O 通量的野外测量

本研究采用静态箱－气相色谱法，在 2018 年和 2019 年的生长季（5 月至 9 月）对哈泥泥炭地 N$_2$O 通量进行观测。具体来说，在 2017 年 10 月将内径为 25 cm，高 14 cm，带有凹槽的 PVC 土壤呼吸圈永久地安装在每个样方内，安装时，将呼吸圈底座 5 cm 插入样方内藓丘中（详见图 2-2）。由于安装土壤呼吸圈时会或多或少地破坏呼吸圈内的植被和泥炭结构，因此在实验开始前一年完成安装工作，以保证在第二年的野外 N_2O 观测时呼吸圈内的植物和泥炭恢复到原来的状态。气体样本采集频率为每个月2次，原则上月初和月末各1次，在2019年6月和8月因天气原因，气体采集工作只进行了1次，气体取样时间为当地时间的9：00~14：00。气体采样时将直径为26 cm，高50 cm的亚克力有机玻璃不透明静态箱放置在土壤呼吸圈上，并向土壤呼吸圈的凹槽内加水密封，保证静态箱与空气隔绝。在静态箱顶安装两根外径6 mm，内径4 mm的PU透明软管分别作为采气软管和平衡气压软管，以及用于均匀空气和降低箱内温度的迷你风扇，静态箱外围还加增一层隔热反光薄膜包裹，防止箱内温度由于长时间光照而上升。在静态箱封闭后，每隔 0、10、20、30 min，使用带有三通阀的一次性注射器从采气软管口抽取 60 mL气体，拧紧注射器出气口并储存（见图2-5）。每个样方测量结束后将静态箱从土壤呼吸圈上提起并来回晃动，使箱内温度和 N_2O 浓度恢复到周围环境状态后继续采样。采样结束后将气体样本带回实验室并在两周内使用气相色谱仪（GC system，Agilent 7980B，Santa Clara，USA）分析气体样本。测气前将气相色谱柱箱（oven）温度调节至55 ℃，电子捕获检测器（ECD）温度调节至330 ℃，载气（N_2）流速调节至250 mL/min，待基线稳定后将10 mL气体样本注入进样口并开始检测。利用色谱图峰面积计算样品 N_2O 浓度，如果测气过程中发现气体浓度出现异常值则需要重复测量。野外30 min内采集的4个气体样品 N_2O 浓度与采样时间间隔存在线性相关关系，采用其线性方程斜率计算该样方的 N_2O 通量，当线性方程的决定系数 $R^2 > 0.75$ 时，斜率被视为有效值并被采用。

N_2O 通量计算根据以下公式2-1：

$$Flux = \rho \times H \times \frac{\Delta c}{\Delta t} \times \frac{273}{T} \qquad (2-1)$$

式中，Flux 为气体通量（$mg \cdot m^{-2} \cdot h^{-1}$）；H 为静态箱的高（m）；$\rho$ 为标准状况下 N_2O 气体的密度（$1.25\ kg \cdot m^{-3}$）；$\Delta c / \Delta t$ 为 N_2O 浓度随时间的变化的斜率（$mg \cdot h^{-1}$）；T 为静态箱内温度（℃）。由于2018年进行气体监测时还没有铺设栈道，对气体浓度干扰较大，测得的气体数据稳定性较差，因此在本研究中仅使用2019年测得的气体数据进行分析。

图 2-2　土壤呼吸圈

Figure 2-2　Soil respiration collar

图 2-3　夏季哈泥泥炭地样地实景

Figure 2-3　Summer view of the experiment plots in Hani peatland

图 2-4　秋季哈泥泥炭地样地实景

Figure 2-4　Autumn view of the experiment plots in Hani peatland

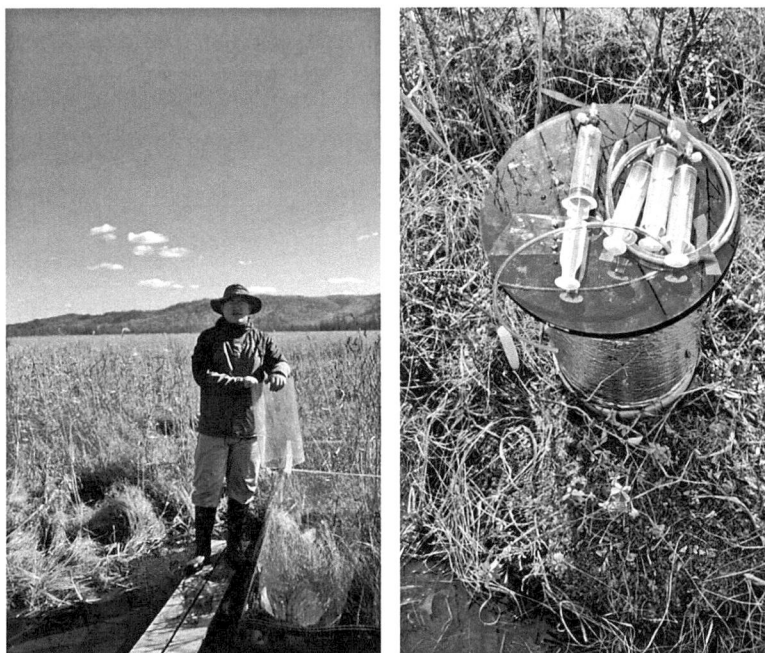

图 2-5　气体样本采集现场

Figure 2-5　Gas sample collection

2.2.3　野外环境因子监测

在每次测量样方N₂O通量的同时，利用Delta TRAK电子温度计在每个土壤呼吸圈周围测量苔藓层以下5 cm 和20 cm处的土壤温度（T_{soil}, 5 cm和T_{soil}, 20 cm），使用Stevens水分仪（TZS-1K，浙江拓普云农科技，中国）在土壤呼吸圈周围不同位置测量4次并取平均值作为每个样方的土壤湿度（SM）。为了获取整个生长季样方内空气温度和土壤温度的连续测量数据，在生长季初期，将纽扣温度计（Lascar Electronics Ltd，Whiteparish，UK）绑在毛刷上安装在每个样方苔藓层以上20 cm和苔藓层以下5 cm以及20 cm处，在生长季结束后取回并读取数据。从样地气象站直接获取样地降雨、大气温度、湿度以及气压等气象参数，必要时用来校准野外采集的原位数据。

在每个样方的呼吸圈旁永久地插入一个打空的PVC管用于测量水位埋深（water table depth，WTD）。在观测每个样方N₂O通量的同时，将一根足够长的软尺底部对齐固定在一根空心不锈钢管上，每次测量水位埋深时将不锈钢管插入水位管中并向不锈钢管内吹气，当听到钢管底部与水面接触发出的气泡声音时，记录水位管顶部在钢管软尺上的刻度，记作A；再用卷尺测量水位管顶部到藓层表面的距离，记作B，则每个样方的WTD = A − B。原位泥炭水的pH值通过多参数数字分析仪（HQ30D，Shanghai Reunion Science Instrument Co. Ltd.，Shanghai，China）来测定，在每个样方周围不同位置测量4次并取其平均值作为此样方的pH值。

2.2.4　泥炭土样的采集和分析

2019年8月上旬，采集各样方的泥炭土样。我们选择在施肥之前且没有降雨的情况下采集每个样方的泥炭土样，这是为了避免施肥和降雨对泥炭土壤性质的影响。采集土样时，为了最大限度地减少取样对样方内植被和泥炭结构的破坏，我们选择取土壤呼吸圈周围3处不同位置的苔藓表面以下5 ~ 10 cm处的泥炭，混合后构成一个样品约50 g，作为每个样方的泥炭土样。将样品中的活藓和明显的植物根系挑出后放入无菌袋中，并保存到加入干冰的保温箱中。样品尽快带回实验室后放在− 20 ℃冰箱保存待测。

从每个泥炭样品中取出约20 g泥炭子样品用于测定泥炭土壤的含水率、总碳（TC）、总氮（TN）、总磷（TP）以及可溶性有机碳（DOC）浓度。测定之前，将每个泥炭样品中的石子以及小虫子挑除，然后分别从处理过的泥炭样品中称取2 g鲜样，用于测定样品的DOC浓度。将泥炭鲜样和40 mL超纯水加入50 mL的离心管中，置于摇床震荡5 h，然后放入转速为4000 r/min的离心机中离心10 min。取离心完毕的样品上清液，利用0.45 μm的玻璃纤维滤膜和真空泵进行过滤。通过使用TOC分析仪（TOC-LCPH/TN，Aurora 1030，OI Analytical，College Station，USA）测定过滤后的液体样本中DOC的浓度。测定土壤含水率时，从处理过的泥炭样品中称取一定量的鲜样并称重，记录鲜重质量m_1，然后将称重后的泥炭样品放在60 ℃的烘箱中烘干约72 h至恒重，记录各个样品准确的干重质量m_2。利用公式：土壤含水率$SM = (m_1 - m_2) / m_1 \times 100\%$，计算每个样品的土壤含水率。

将烘干后的各个样品用球磨仪（GT200，Grinder，Beijing，China）研磨后从中称取约2 mg子样品，并用锡纸杯包裹，使用元素分析仪（Element analyzer，Euro Vector 3000，Pavia，Italy）测定泥炭土样品中的TC和TN含量。通过磷钼酸铵比色法测定泥炭土壤中的TP含量[171]。称取0.5 g研磨后的泥炭土样放入100 mL的消解管中，并加入8 mL浓硫酸（H_2SO_4）和10滴70%的高氯酸（$HClO_4$）溶液，轻轻摇匀后置于微波消解仪（MARS6，American Ampere LLC，USA）加热消解。消解至$HClO_4$烟雾消失后，继续升高温度使H_2SO_4发烟回流，等待至消解管内的溶液开始发白后再继续消煮20 min，全部消解过程持续约一个小时。在样品消解的同时，做一个仅添加上述消解试剂但是不添加泥炭样品的对照处理同样进行消煮，得到一个空白消煮溶液。放置所有样品消解液至完全冷却，并用超纯水将消解管中的消解液定容至100 mL。将样品消解液静置过夜后，吸取5 mL的上清液注入50 mL的容量瓶中，用超纯水稀释至约30 mL后加入5 mL硫酸-钼酸铵溶液，再用超纯水定容至50 mL并摇匀、显色。静置15 min后，取少量溶液利用分光光度计在700 nm波长下进行比色，并计算TP含量。

2.2.5 植被盖度的估算

2019年7月末，采用Domin十级制目测法估测每个样方土壤呼吸圈内的植物盖度[172]，包括泥炭藓盖度（*Sphagnum* cover）和维管植物盖度（Vascular plants cover），其中估测维管植物盖度时，是通过对禾草（Graminoids）和灌木（Shrubs）的盖度求和而得到的。为了保证植被盖度估算的准确性，我们在现场测量的同时拍下了每个土壤呼吸圈的植被照片，必要时在回到实验室后校正植被盖度。

2.2.6　泥炭土壤酶活性的测定

β-D-葡萄糖苷酶（β-D-glucosidase，BDG）、N-乙酰-β-D-葡萄糖苷酶（N-acetyl-β-glucosaminidase，NAG）和磷酸酶（phosphatase，PHO）是泥炭地中常用来衡量有机碳分解的3种水解酶，分别是将纤维素水解为葡萄糖来获取C、分解几丁质获取N、催化磷酸单酯获取磷酸盐的酶，其活性强度可直接反映泥炭分解的强弱[45-47]。利用微孔板荧光法测定泥炭土壤中这3种水解酶的活性[173]。将6.804 g的三水合醋酸钠（$C_2H_3NaO_2 \cdot 3H_2O$）利用超纯水定容至1 L，并用醋酸（CH_3COOH）或者1 mol/L的氢氧化钠（NaOH）溶液调节其pH值至5.0，作为浓度为50 mmol/L的缓冲液。称取0.5 g的新鲜泥炭土壤样品放入500 mL的烧杯中，并利用分液器向烧杯中加入125 mL的缓冲液，形成悬浮液，用玻璃棒搅拌5 min后静置。取200 μL悬浮液的上清液和50 μL水解酶对应的底物（BDG的底物为4-甲基伞形酮酰-B-D-吡喃葡糖酸苷，NAG的底物为4-甲基伞形酮酰-B-D-吡喃葡糖酸，PHO的底物为4-甲基伞形酮磷酸酯）加入至黑色不透明的96孔微孔板中，然后将微孔板置于20 ℃培养箱暗光培养4 h。培养结束后将10 μL浓度为1 mol/L的NaOH溶液加入至微孔板的所有样品孔中，随后使用多功能酶标仪（Cytation 5，BioTek，Winooski，USA）进行荧光测定酶活性。

土壤多酚氧化酶（POX）可以将酚类物质部分氧化成简单的有机化合物，POX的活性对泥炭地有机质的积累以及缓解泥炭分解过程是非常重要的[48, 49]。POX的测定与土壤水解酶相同，同样使用微孔板荧光法测定。取600 μL的土壤悬浮液和150 μL的底物（L-3，4-二羟基苯丙氨酸）加入至白色的深孔板中，随后将深孔板置于20 ℃培养箱暗光培养5 h。培养结束后将深孔板取出并放入转速为3000 r/min的离心机中离心5 min。离心结束后使用移液枪取上清液250 μL转移至透明的微孔板中，随后使用多功能酶标仪进行荧光测定酶活性。

2.2.7　泥炭土壤硝态氮、铵态氮的测定

将新鲜的泥炭土壤与2 mol/L的氯化钾（KCL）溶液按照1∶5的土水比加入50 mL的离心管中，于转速180 r/min的摇床内浸提1 h。浸提结束后，利用0.45 μm的玻璃纤维滤膜和真空泵对上清液进行过滤，得到KCL浸提液。利用流动分析仪（San +，Skalar Analytical B.V.，Breda，the Netherlands）测定浸提液中的硝态氮（$NO_3^- -N$）和铵态氮（$NH_4^+ -N$）浓度。

2.2.8　数据分析

　　所有的数据在分析前均采用残差图法进行正态性检验，必要时对数据进行对数转换。各个处理的生长季累积N_2O通量是其四个重复的月累积N_2O通量的平均值。通过重复测量方差分析（ANOVA）和双因素方差分析，分析了区组（Block）、各控制因子（增温、N添加和P添加）以及控制因子间的交互作用对N_2O通量的影响。双因素方差分析还用于分析各控制因子及其交互作用对生物/非生物因子的影响。采用单因素方差分析法分析了不同处理对生物因子（包括植物盖度和酶活性）和非生物因子[TC、TN、TP、DOC、土壤温度（5cm和20cm）、WTD、pH、C∶N和N∶P]的影响。当方差分析有显著影响时，利用Tukey-HSD评估各个处理之间的差异。采用Pearson相关分析法分析了N_2O通量与生物/非生物因子之间的相关性，同时分析了生物和非生物因子之间的相关性。主成分分析（PCA）用于评估不同处理对N_2O通量和生物/非生物因子的影响。结构方程模型（SEM）用于建立所有生物和非生物因子之间的关系。所有的统计分析均在R 4.0.2（R Development Core Team，2019）中实现，所有的数据图绘制均通过GraphPad Prism 9（GraphPad Software，San Diego，USA）实现。

3 长期增温对泥炭地环境与 N_2O 通量的影响

3.1　引言

温度是调节陆地生态系统生物地球化学过程的关键环境因素[19，94]，根据气候模型反演得出，在未来50～100年内全球平均气温会因为温室气体排放的增加而上升1.0～3.5 ℃[4]。温室气体浓度的增加对泥炭地生态系统的直接和间接影响是复杂的，增温会提高土壤中的养分利用率，改变泥炭地植被组成，刺激微生物活性，加速泥炭的分解，导致泥炭地生态系统温室气体通量发生改变，这可能会进一步加剧全球变暖的速度，使泥炭地在全球温室气体交换中扮演的重要角色受到威胁[22，29]。北半球中高纬度地区泥炭地正遭受着较为强烈的气候变化的影响，泥炭地不稳定N库对气候变化非常敏感[95]。以泥炭藓为主要植被类型的贫营养泥炭地因其酸性和低温厌氧环境，有机物的分解非常缓慢。温度升高会加速泥炭地有机物的分解，为硝化和反硝化过程提供更多的有机底物，从而促进N_2O的产生和排放[69，96，97]。

N_2O通量对温度变化的响应非常迅速，这是由于硝化和反硝化菌对温度的变化很敏感，众多研究均指出N_2O的产生速率与温度呈显著正相关关系[99，100]。由于北方生态系统受温度限制显著，N_2O的产生和排放也因此受限，全球温度的升高会刺激硝化和反硝化微生物的活性，加速微生物对N底物的利用，产生更多的N_2O[94]。一项荟萃分析显示全球持续的增温会加速湿地硝化古菌的繁殖从而提升N_2O的通量[92]。还有研究显示，增温会提高土壤水分的蒸散发作用，这将会抑制氧化亚氮还原酶的活性，从而促进土壤产生更多的N_2O[99]。Marushchak等观测到北极地区泥炭地N_2O的排放通量随着温度的升高而增加[104]。还有研究表明增温提高了再灌溉泥炭地N_2O的通量，这是由于增温显著提高了泥炭地微生物活性，导致N_2O排放大幅度增加[105]。

增温对泥炭地植被组成的影响也会影响N_2O的通量[41，43]。Chapin等发现温度延长了生长季，这将促进维管植物的生长，维管植物的通气组织有利于深层N_2O向大气的散逸，导致N_2O排放的增加[4，106，107]。Gong等的研究发现增温没有促进北方泥炭地N_2O的排放，由于增温促进的维管植物的生长会与产生N_2O的微生物对可利用底物的竞争，导致微生物的可利用底物减少，N_2O排放减弱[58]。Le等、Gong和Wu在对加拿大一个雨养型泥炭地N_2O排放特征的研究中发现，增温引起的维管植物的增加会消耗土壤中可利用底物进而减少N_2O的通量，但是在剔除维管植物的样方中

N_2O 排放随增温而增加，他们认为增温对泥炭地 N_2O 的影响是通过植被来调节的[41, 43]。综上所述，增温对泥炭地 N_2O 通量的影响是复杂且多方面的，在未来全球变暖不断加剧的背景下，有可能会威胁到泥炭地的 N_2O 零/汇功能，使其使成为 N_2O 重要的排放来源[98]。

我们选取了长白山哈泥泥炭地长期模拟全球变化实验样地中的8个样方，基于气体通量监测和室内实验，尝试探究气候变暖对泥炭地 N_2O 净通量的影响，以及泥炭地 N_2O 排放特征对生物和非生物因子改变的响应，基于前人研究，我们提出以下假设：（1）增温会刺激泥炭地土壤酶活性，加速泥炭的分解，为产生 N_2O 的生物化学过程提供反应底物和能量来源，促进泥炭地 N_2O 的产生和排放，使泥炭地成为 N_2O 的源；（2）增温会改变泥炭地植物组成，促进维管植物的生长，维管植物的通气组织将会为 N_2O 的排放提供通路，使 N_2O 排放增加。

3.2 材料与方法

3.2.1 实验设计

本章实验设计选自哈泥泥炭地长期模拟全球变化样地（见图2-1）中的增温（N0P0H1）和不增温处理（N0P0H0），每个处理4个重复，共计8个样方（见图3-1）。为了行文简洁、方便阅读，在本章中不增温处理记作对照组（CK），增温处理记作增温组（H）。

增温是通过开顶增温棚（OTC）实现的，规格为顶部0.8 m × 0.8 m，底部1.2 m × 1.2 m。具体实验设计参照2.2.1节的"野外实验设计"部分。

3.2.2 N_2O 的采集及分析

野外 N_2O 的测量和分析采用静态箱–气相色谱法，具体气体样本的采集时间，以及采集步骤和分析方法详见2.2.2节的部分内容。

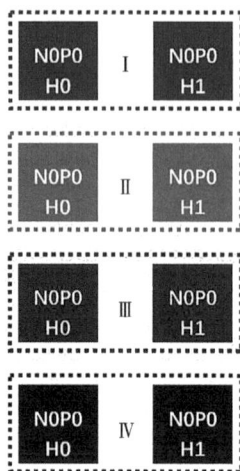

图 3-1 增温实验设计示意图

Figure 3-1 Diagram of warming experiment design

注：N0，无N添加；P0，无P添加；H0，无增温；H1，增温。Ⅰ、Ⅱ、Ⅲ、Ⅳ代表4个重复区组。

Note：N0，no N addition；P0，no P addition；H0，no warming；H1，warming. Ⅰ，Ⅱ，Ⅲ，Ⅳ represent 4 blocks.

3.2.3 环境因子的监测

在监测N_2O通量的同时，测量每个样方的环境因子指标，包括土壤呼吸圈内的苔藓表层以下5 cm和20 cm处的土壤温度（T_{soil}，5 cm和T_{soil}，20 cm）、苔藓表层以上20 cm处的空气温度、土壤湿度（SM）、水位埋深（WTD），以及原位泥炭水的pH值。具体的测量频率和测量方法详见2.2.3节部分。

3.2.4 泥炭理化性质的测定

2019年8月从野外样方中采集泥炭样本并带回实验室分析其理化指标，包括土壤含水率、总氮（TN）、总碳（TC）、总磷（TP）、可溶性有机碳（DOC）、碳氮比（C∶N）和氮磷比（N∶P）。具体测定方法详见2.2.4节部分。

3.2.5 植被调查

2019年7月末对每个样方呼吸圈内泥炭藓和维管植物的盖度进行调查，具体调查方法详见2.2.5节部分。

3.2.6 土壤酶活性的测定

β-D-葡萄糖苷酶（β-D-glucosidase，BDG）、N-乙酰-β-D-葡萄糖苷酶（N-acetyl-β-glucosaminidase，NAG）和磷酸酶（phosphatase，PHO）是泥炭地中常用来衡量有机碳分解的三种水解酶，分别是将纤维素水解为葡萄糖来获取 C、分解几丁质获取 N、催化磷酸单酯获取磷酸盐的酶，其活性强度可直接反映泥炭分解的强弱[45-47]。土壤酚氧化酶（phenol oxidase，POX）可以将酚类物质部分氧化成简单的有机化合物，POX 的活性对泥炭地有机质的积累以及缓解泥炭分解过程是非常重要的[48, 49]。利用微孔板荧光法测定泥炭土壤中这 3 种水解酶和 1 种氧化酶的活性[173]。具体测定方法详见 2.2.6 节部分。

3.2.7 数据处理和分析

所有的数据在分析前均采用残差图法进行正态性检验，必要时对数据进行对数转换。本章通过方差分析、相关分析、主成分分析以及结构方程模型来分析和探究 N₂O 通量与各个因子之间的关系，以及生物和非生物因子之间的关系。具体数据处理及分析方法详见 2.2.8 节部分。

3.3 结果

3.3.1 非生物因子

在 2019 年生长季，增温处理明显提升了空气平均温度 0.6 ℃（见图 3-2）。增温处理与对照组的藓层下 5 cm 和 20 cm 的土壤温度没有显著差异，但是可以发现增温处理两个深度的土壤温度均低于对照组（见表 3-1、表 3-2）。与对照组相比，增温处理下水位显著提升（WTD）（$P = 0.048$，表 3-1），相较于对照组大约提升了 6 cm。增温对 DOC 含量和 TN 含量均有显著影响（见表 3-2），且增温处理的 DOC 含量（$P = 0.015$）和 TN 含量（$P = 0.013$）均显著高于对照组（见表 3-1）。增温对土壤 TP 含量有显著影响，但是增温处理和对照组的 TP 含量没有显著差异。对照处理的 C：N 和 N：P 均显著高于增温处理（显著性水平分别为 $P = 0.018$ 和 $P = 0.006$，表 3-1）。

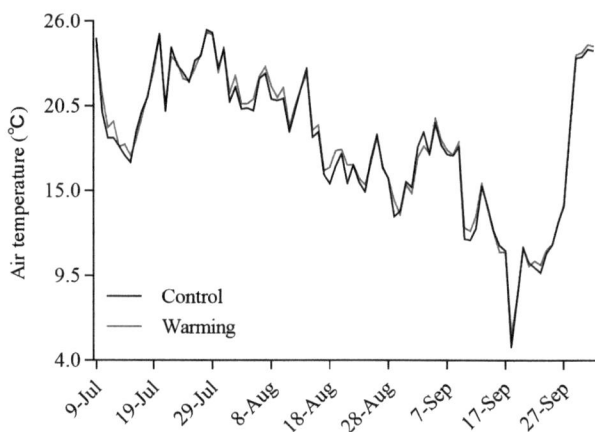

图 3-2 OTC 增温效果

Figure 3-2 Warming effect of open top chambers （OTC）

表 3-1 2019 年生长季哈泥泥炭地不同处理下非生物因子差异（平均值 ± 标准误差，$n = 4$）

Table 3-1 Environmental parameters of peat soil in different treatments during the growing season of 2019（means ± SEM，$n = 4$）

	CK	H
T_{soil}，5 cm（℃）	18.25 ± 0.5 [a]	17.32 ± 0.9 [a]
T_{soil}，20 cm（℃）	11.82 ± 1.0 [a]	11.36 ± 0.8 [a]
WTD（cm）	29.94 ± 3.8 [b]	23.91 ± 3.0 [a]
DOC（μg/mL）	4.29 ± 0.7 [a]	6.68 ± 0.6 [b]
pH	6.19 ± 0.1 [a]	5.97 ± 0.1 [a]
TN（%）	1.11 ± 0.1 [a]	1.32 ± 0.1 [b]
TC（%）	37.79 ± 0.3 [a]	34.13 ± 2.1 [a]
TP（%）	0.06 ± 1.1 [a]	0.08 ± 1.3 [a]
N∶P	20.78 ± 1.3 [b]	13.60 ± 1.1 [a]
C∶N	34.04 ± 0.9 [b]	26.03 ± 2.1 [a]

注：CK，对照组；H，增温组；WTD，水位埋深；DOC，可溶性有机碳；TN，总氮；TC，总碳；TP，总磷。不同的小写字母表示处理间在 $P < 0.05$ 水平上具有显著差异。

Note: CK, control; H, warming; WTD, water table depth; DOC, dissolved organic carbon; TN, total nitrogen; TC, total carbon; TP, total phosphorus. Different lowercase letters represent significant differences（$P < 0.05$）between the treatments.

3.3.2 N₂O 通量

增温对生长季 N_2O 累积通量有边际影响（$P = 0.082$，表 3-2），但是对生长季平

均 N_2O 通量有显著影响（ $P = 0.036$ ，表3-3）。从图3-2可以看到，天然状态下哈泥泥炭地更趋近于是一个 N_2O 的汇，通量为 -39 ± 62 g m^{-2} ，尽管不是一个显著的汇（ $t = 0.528$ ， $P = 0.613$ ）。增温显著促进了泥炭地 N_2O 的排放，通量为 54 ± 43 g m^{-2} ，使哈泥泥炭地成为一个 N_2O 的源（ $t = 2.447$ ， $P = 0.044$ ）。

表3-2 增温处理对哈泥泥炭地生物和非生物因子的影响（单因素方差分析）

Table 3-2 Effects of warming on biological and abiotic factors in Hani peatland（One-way ANOVA）

Parameter	Warming		Block	
	F	P	F	P
Cumulative N_2O flux	4.437	0.082*	0.453	0.718
T_{soil} ，5 cm	0.785	0.410	1.134	0.436
T_{soil} ，20 cm	0.138	0.723	5.790	0.061*
WTD	1.552	0.259	1.503	0.342
DOC	12.290	0.012**	0.436	0.739
pH	2.061	0.201	0.844	0.537
TN	11.250	0.015**	0.273	0.843
TC	2.873	0.141	0.863	0.539
TP	6.731	0.041**	0.138	0.932
N：P	3.010	0.133	0.029	0.992
C：N	11.810	0.013**	0.264	0.849
SC	23.640	0.002***	0.157	0.920
VPC	1.223	0.308	2.251	0.225
BDG	3.906	0.095*	1.473	0.349
NAG	23.660	0.002***	0.122	0.942
POX	0.065	0.808	2.468	0.202
PHO	0.001	0.972	0.528	0.688

注：Cumulative N_2O flux，累积 N_2O 通量；WTD，水位埋深；DOC，可溶性有机碳；TN，总氮；TC，总碳；TP，总磷；SC，泥炭藓盖度；VPC，维管植物盖度；BDG，β-D-葡萄糖苷酶；NAG，N-乙酰-β-D-葡萄糖苷酶；POX，酚氧化酶；PHO，磷酸酶。显著性水平：***$P < 0.01$ ，**$P < 0.05$ ，*$P < 0.1$ 。

Note：WTD，water table depth；DOC，dissolved organic carbon；TN，total nitrogen；TC，total carbon；TP，total phosphorus；SC，*Sphagnum* cover；VPC，vascular plants cover；BDG，β-D-glucosidase；NAG，N-acetyl-β-glucosaminidase；POX，phenol oxidase；PHO，phosphatase. Asterisk represents a significant difference，***$P < 0.01$ ，**$P < 0.05$ ，*$P < 0.1$ 。

表3-3 增温对哈泥泥炭地2019年生长季平均N₂O通量的影响（重复测量方差分析）

Table 3-3 Effect of warming on mean N_2O flux in the growth season of 2019 in Hani peatland (repeated measurement ANOVA). $^*P < 0.05$

Treatment	df	F	P
Warming	1	4.503	0.036[*]

注：Warming，增温。

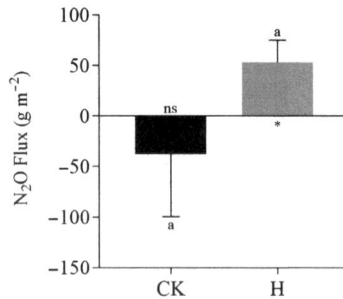

图 3-3 哈泥泥炭地 2019 年不同处理生长季累积 N₂O 通量（平均值 ± 标准误差，$n = 4$）

Figure 3-3 Cumulative N_2O flux between the different treatments of Hani peatland in 2019 growth season (mean ± SEM, $n = 4$)

注：CK，对照组；H，增温组。星号代表N₂O通量与"0"的显著差异，$^*P < 0.05$；ns，无显著差异。不同的小写字母表示处理间在$P < 0.05$水平上具有显著差异。

Note：CK，control；H，warming. Asterisks denote N_2O flux significantly different from zero. $^*P < 0.05$；ns，no significant difference. Different lowercase letters represent significant differences（$P < 0.05$）between the treatments.

3.3.3 土壤酶活性

如图3-5，增温促进了泥炭地BDG（$P = 0.082$，图3-5 a）和NAG（$P = 0.002$，图3-5 b）的活性，其中使BDG活性比对照增加了约60 %，但是增温对POX和PHO的活性没有显著影响（见图3-5 c和图3-5 d）。

3.3.4 植被变化

增温显著降低了泥炭藓盖度（$P = 0.02$，表3-2），降低了约50 %（$P = 0.049$，图3-3），对照组和增温处理的维管植物盖度和总植被盖度在统计学上没有显著差异，但是增温处理的维管植物盖度比对照组增加了约27 %（见表3-2、图3-4）。

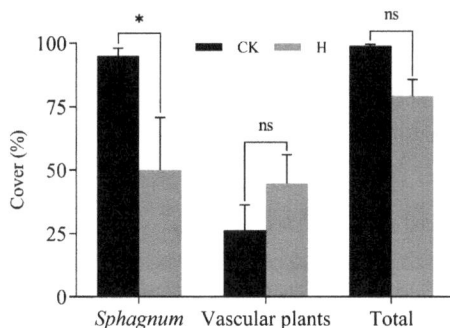

图 3-4　植物盖度（平均值 ± 标准误差，$n = 4$）

Figure 3-4　Plant cover（mean ± SEM，$n = 4$）

注：Sphagnum，泥炭藓；Vascular plants，维管植物；Total，总盖度。CK，对照组；H，增温组。星号代表在 $P < 0.05$ 水平上具有显著差异；ns 代表无显著差异。

Note：CK，control；H，warming. Asterisk represents a significant difference，$^{*}P < 0.05$；ns，no significant difference.

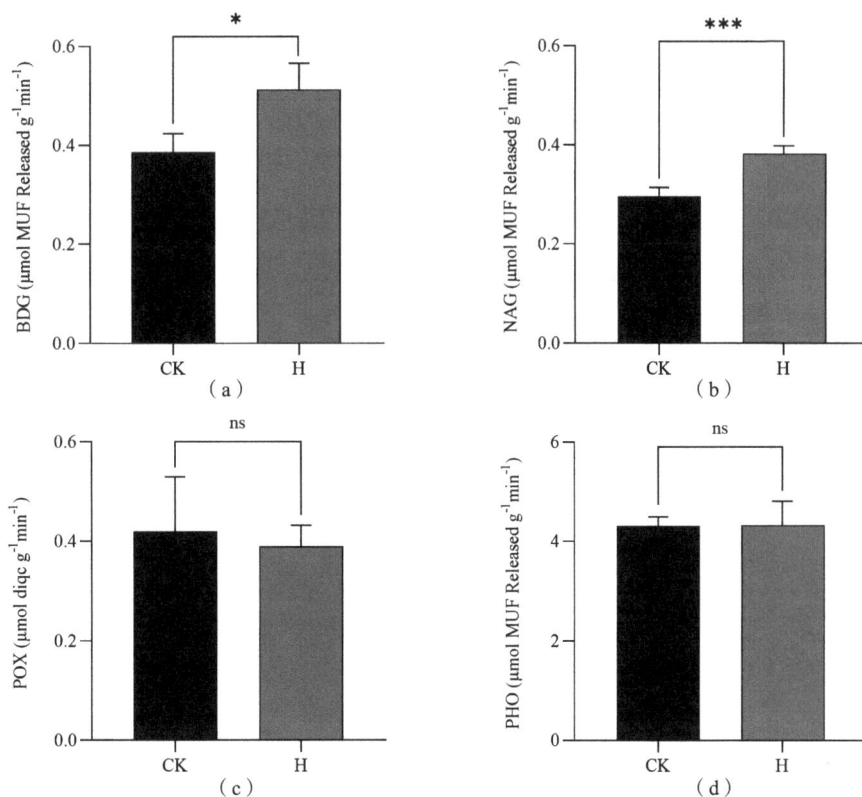

图 3-5　土壤酶活性（平均值 ± 标准误差，$n = 4$），（a）BDG；（b）NAG；（c）POX；（d）PHO

Figure 3-5　Soil enzyme activities（mean ± SEM，$n = 4$），（a）BDG；（b）NAG；（c）POX；（d）PHO

注：CK，对照组；H，增温组。BDG，β-D-葡萄糖苷酶；NAG，N-乙酰-β-D-葡萄糖苷酶；

POX，酚氧化酶；PHO，磷酸酶。显著性水平：*** $P < 0.01$，** $P < 0.05$，* $P < 0.1$。

Note：CK，control；H，warming. BDG，β –D–glucosidase；NAG，N–acetyl–β –glucosaminidase；POX，phenol oxidase；PHO，phosphatase. Asterisk represents a significant difference，*** $P < 0.01$；** $P < 0.05$；* $P < 0.1$；ns，no significant difference.

3.3.5 相关性分析以及主成分分析

如表3-4所示，从左向右依次为，2019年哈泥泥炭地N_2O累积通量仅与DOC含量呈显著正相关（$P = 0.643$），与维管植物盖度和WTD有边际正相关关系（显著性水平均为 $P < 0.1$）。土壤DOC含量与TP、TN、维管植物盖度、NAG活性呈显著正相关，与TC、泥炭藓盖度、总盖度、WTD、C：N和pH值呈显著负相关。TP与TN、维管植物盖度、BDG活性和NAG活性呈显著正相关，与TC、泥炭藓盖度、C：N和N：P呈显著负相关关系。TN含量与BDG和NAG活性呈显著正相关，与TC、泥炭藓盖度、总盖度、C：N、N：P呈显著负相关，与WTD有边际负相关关系（$P = 0.088$）。TC含量与C：N、N：P呈显著正相关关系，与NAG活性呈显著负相关关系。泥炭藓盖度与总盖度、WTD、C：N呈显著正相关关系，与维管植物盖度、NAG和BDG活性呈显著负相关关系。维管植物盖度与POX活性呈显著正相关关系，与WTD、N：P呈显著负相关关系。C：N与N：P呈显著正相关关系，与NAG活性呈显著负相关关系。N：P与NAG活性呈显著负相关关系，BDG活性与NAG活性呈显著正相关关系。

主成分分析中（见图3-6），PC1的方差百分比达到了60.7 %，PC2的方差百分比达到了14.2 %，PC1和PC2的累计方差百分比达到了74.9 %。对照组和增温组出现了明显的分组，这表明增温处理显著影响了哈泥泥炭地的生物和非生物因子。各个生物和非生物因子之间的关系与其相关关系（见表3-4）大致相同。

表3-4 生物和非生物因子间的相关分析

Table 3-4 Correlation analysis between biological and abiotic factors.

	Flux	DOC	TP	TN	TC	SC	VPC	TCov	WTD	C:N	N:P	pH	BDG	NAG	POX	PHO
Flux																
DOC	0.643*															
TP	0.149	0.748**														
TN	0.103	0.685*	0.876***													
TC	-0.04	-0.73**	-0.802**	-0.637*												
SC	-0.39	-0.837***	-0.801**	-0.927***	0.583											
VPC	0.326	0.67*	0.673*	0.514	-0.486	-0.654*										
TCov	-0.542	-0.814**	-0.607	-0.746**	0.425	0.918***	-0.55									
WTD	-0.581*	-0.626*	-0.592	-0.486	0.179	0.632*	-0.841***	0.572								
C:N	-0.084	-0.774**	-0.916***	-0.926***	0.87**	0.859***	-0.511	0.702*	0.350							
N:P	-0.183	-0.617	-0.894***	-0.600*	0.683*	0.547	-0.641*	0.438	0.600	0.696*						
pH	-0.384	-0.678*	-0.41	-0.339	0.427	0.464	-0.394	0.586	0.417	0.448	0.435					
BDG	-0.039	0.386	0.786**	0.836**	-0.455	-0.722**	0.468	-0.514	-0.423	-0.727**	-0.61	0.122				
NAG	0.364	0.725*	0.789**	0.671*	-0.723**	-0.715**	0.502	-0.678*	-0.382	-0.782**	-0.745**	-0.214	0.726**			
POX	0.099	0.101	0.212	-0.083	-0.173	-0.02	0.633*	0.057	-0.395	0.018	-0.364	0.284	0.268	0.346		
PHO	-0.078	-0.33	-0.125	-0.286	0.126	0.373	-0.485	0.236	0.393	0.184	-0.148	0.324	0.047	0.253	0.04	

注：WTD, 水位埋深；DOC, 可溶性有机碳；TN, 总氮；TC, 总有机碳；POX, 酚氧化酶；NAG, N-乙酰-β-D-葡萄糖苷酶；BDG, β-D-葡萄糖苷酶；TCov, 总盖度；VPC, 维管植物盖度；SC, 泥炭藓盖度；TP, 总磷；PHO, 磷酸酶。显著性水平：***$P<0.01$，**$P<0.05$，*$P<0.1$。

Note: WTD, water table depth; DOC, dissolved organic carbon; TN, total nitrogen; TC, total carbon; TP, total phosphorus; VPC, vascular plants cover; TCov, total cover; SC, *Sphagnum* cover; BDG, β-D-glucosidase; NAG, N-acetyl-β-D-glucosaminidase; POX, phenol oxidase; PHO, phosphatase. ***$P<0.01$, **$P<0.05$, *$P<0.1$.

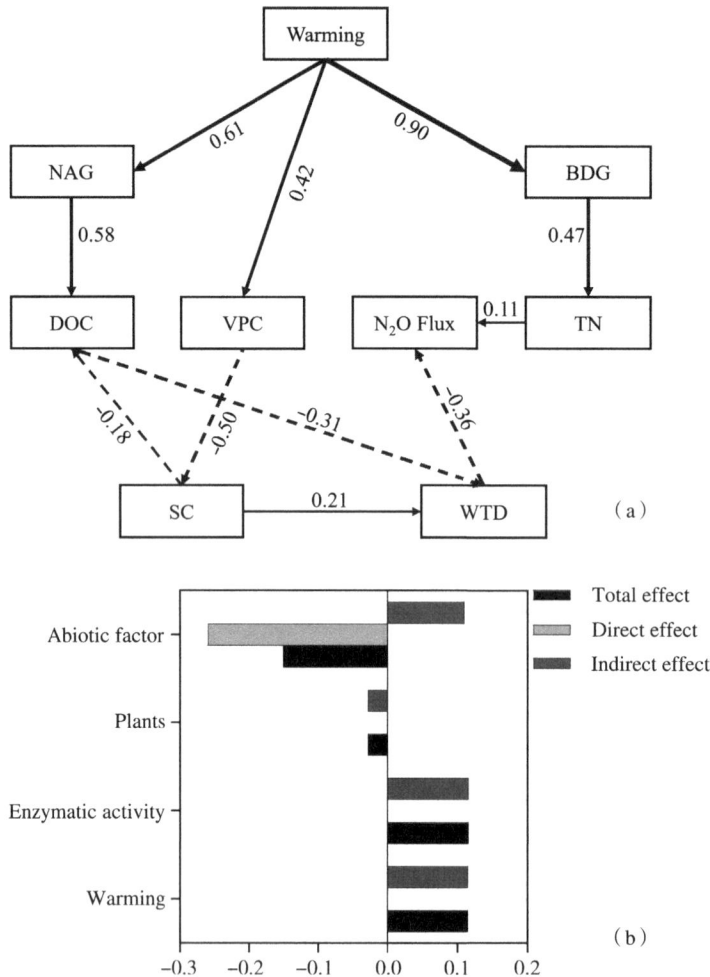

图 3-6 （a）结构方程模型（SEM，Chi-square = 0.386，CFI = 0.908，TLI = 0.914，AIC = 953.85，BIC = 976.23，RMSEA = 0.079，SRMR = 0.08）；（b）效应模型

Fig 3-6 （a）Structural equation model between warmed and parameters（Chi-square = 0.386，CFI = 0.908，TLI = 0.914，AIC = 953.85，BIC = 976.23，RMSEA = 0.079，SRMR = 0.08）；（b）Effect model

注：实线箭头表示正相关性，虚线箭头表示负相关性，箭头上的数字代表标准化后的参数估计值。WTD，水位埋深；DOC，可溶性有机碳；VPC，维管植物盖度；SC，泥炭藓盖度；BDG，β-D-葡萄糖苷酶；NAG，N-乙酰-β-D-氨基葡萄糖苷酶；TN，总氮。Total effect，总效应；Direct effect，直接效应；Indirect effect，间接效应；Abiotic factor，非生物因子；Plants，植物；Enzymatic activity，酶活性。

Note：The solid arrow represents positive correlation and the dashed arrow represents negative correlation. The numbers on the arrows represent the standardized parameter estimates. WTD，water table depth；DOC，dissolved organic carbon；VPC，vascular plant cover；SC，*Sphagnum* cover；BDG，β-D-glucosidase；NAG，N-acetyl-β-glucosaminidase；TN，total nitrogen.

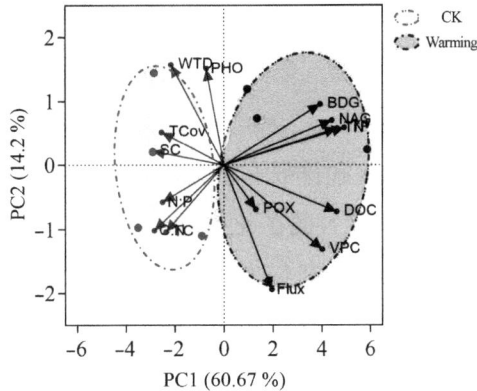

图 3-7　主成分分析（PCA）

Figure 3-7　Principal component analysis （PCA）

注：CK，对照；Warming，增温；Flux，N_2O 通量；WTD，水位埋深；DOC，可溶性有机碳；TN，总氮；TC，总碳；TP，总磷；SC，泥炭藓盖度；VPC，维管植物盖度；TCov，总盖度；BDG，β-D-葡萄糖苷酶；NAG，N-乙酰-β-D-葡萄糖苷酶；POX，酚氧化酶；PHO，磷酸酶。

Note：WTD, water table depth；DOC, dissolved organic carbon；TN, total nitrogen；TC, total carbon；TP, total phosphorus；SC, *Sphagnum* cover；VPC, vascular plants cover；TCov, total cover；BDG, β-D-glucosidase；NAG, N-acetyl-β-glucosaminidase；POX, phenol oxidase；PHO, phosphatase.

3.4　讨论

3.4.1　天然状态下泥炭地 N_2O 的源汇功能

尽管泥炭地是一个巨大的 N 库，但是由于其环境因素，导致泥炭地不是一个明显的 N_2O 的源，这在之前的研究中以及我们的研究中都有发现[17-20]。我们发现哈泥泥炭地是一个弱 N_2O 的汇，N_2O 的通量接近于 0，这是由于长期的淹水环境和有机质分解缓慢的因素，导致泥炭地营养贫乏，可供 N_2O 产生的可利用底物不多，而且 N_2O 作为反硝化反应的中间产物，在淹水条件下极易被继续还原成 N_2，导致 N_2O 排放减少[22, 59, 174]。Gong 等对加拿大北部泥炭地连续两个生长季 N_2O 排放监测中发现，天然泥炭地是一个 N_2O 的弱汇，这与我们的研究结果相似[107]。Mäkelä 等模拟野外环境变化的室内实验中也发现，模拟天然状态下的泥炭土壤是 N_2O 的汇，这可能和泥炭地长期处于厌氧环境有关[175]。Chapuis 等的荟萃分析中报道了湿地生态系统由于淹水的环境，导致其不是一个显著的 N_2O 的源[59]。Liimatainen 的研究发现，在厌氧条件下反硝化作用是产生N_2O的主要反应，但是在用乙炔抑制N_2O还原成N_2后有更多的N_2O产生，间接说明在通气条件不好的泥炭地中有更多的N_2O被还原成了N_2[176]。

土壤养分条件对N_2O的产生和排放有很大的影响。有研究报道，土壤$C:N$一般在25以下时更有利于土壤发生N的矿化作用[177]，从而增加土壤N的有效性，为反硝化过程提供底物。从表3-1中我们发现，CK的$C:N$比值较高，TC含量比较高而且DOC含量很低，这证明了哈泥泥炭地天然状态下分解强度低且N的有效性低，这将导致N_2O的产生过程由于缺乏反应底物而变得不活跃[19, 59, 79, 119]。Liu等的研究发现，土壤中的可利用N底物的多少决定了N_2O排放的强弱，当土壤中NO_3^-含量增加时，N_2O排放显著增加[85]。N_2O通量与DOC含量呈显著正相关关系（见表3-5），但是由于天然状态下泥炭地DOC含量比较低，可供硝化菌和反硝化菌利用的C源较少，这也会影响N_2O的生产，导致泥炭地N_2O排放较弱[59, 60, 73, 178]。Hu等对不同土地利用类型下土壤N_2O通量特征的研究发现，影响耕地N_2O排放的关键因子是电子供体，即不稳定的有机碳浓度的大小，其对反硝化作用的重要性甚至高于可利用N底物（NO_3^--N）的浓度[178]。CK的$N:P$在20左右，这说明哈泥泥炭地在天然状态下可能是一个P限制的生态系统[93, 179]。曾有研究报道反硝化作用会受到P的限制，P是反硝化菌必需的营养元素，而且P会刺激土壤N的循环，因此土壤中P含量的多少将直接影响N_2O通量的大小[38, 40, 148]。从表3-4中可以发现TN和TP呈显著正相关关系，这也说明在泥炭地中N和P的循环是密不可分且是耦合的，综上所述，哈泥泥炭地由于受到P元素的限制导致N_2O排放不显著。

从图3-5和图3-7中我们发现，CK的BDG和NAG活性相较于增温比较低，表3-5中BDG和NAG活性与TN和TP均有显著的正相关关系，结合上面所提到的，这表明哈泥泥炭地由于营养缺乏，这两种酶的合成受阻[180]，而这两种水解酶活性的强弱将直接影响泥炭分解的强弱，进而影响土壤中营养的可利用性以及土壤化学计量比，最终会影响产生N_2O的生物化学过程。Li等的研究表明，贫营养泥炭地中BDG和NAG的活性均很低[149, 150]，这将限制泥炭的分解，导致产生N_2O的过程缺乏反应底物，N_2O的产生和排放将受到阻碍。Amha等的研究发现，过渡型泥炭地的TN含量相较于贫营养型泥炭地还要低，反硝化速率也因此而变得不强烈[73]。综上所述，哈泥泥炭地由于受到营养元素N和P的双重限制，使有关产生N_2O的生物化学过程缺乏适宜的发生条件，而且长期的淹水条件使产生的少量的N_2O被还原为了N_2，最终导致哈泥泥炭地是一个N_2O的弱汇。

3.4.2　增温下泥炭地 N_2O 的源汇功能

增温显著刺激了泥炭地 N_2O 的排放，使哈泥泥炭地成为一个 N_2O 的源（见图 3-2），这和我们的第一个假设相符。首先，增温刺激了土壤水解酶活性。增温处理的 BDG 活性和 NAG 活性均显著高于对照组（见图 3-5），如上文所提到的，这两种水解酶活性的增强会加剧泥炭的分解[49, 149]，产生更多的可利用的 C 和 N，最终导致 N_2O 排放增加。从结构方程模型中（见图 3-6）也可以验证这点，增温刺激了 NAG 和 BDG 的活性，这将导致泥炭的分解加速，土壤 DOC 含量和 TN 含量会因此升高。TN 含量的升高将会为产生 N_2O 的生物化学过程提供可利用 N 底物，直接导致 N_2O 排放的增加[55, 125, 126]，而 DOC 含量升高会为反硝化作用提供能量来源[178]，在表 3-5 中，N_2O 通量与 DOC 含量呈显著正相关，也可以证明上述观点。其次，由于泥炭的分解加强，将导致泥炭表层沉降，WTD 被动变小，这会加剧表层土壤的淹水环境，导致 N_2O 通量变大。很多研究均表明，反硝化作用和 N_2O 的产量和土壤含水量呈显著的正相关关系[38, 59, 68-70]。图 3-6 中，DOC 含量升高导致 WTD 变小，最终导致 N_2O 排放增加；PCA（见图 3-7）和表 3-5 中，WTD 和 N_2O 通量的显著负相关关系均可以证明上述观点。最后，增温还会促进维管植物盖度的增加[19, 43, 181]，这会促使维管植物与泥炭藓在养分和光资源上产生竞争关系，导致泥炭藓盖度降低、死亡并分解[127]，结构方程模型中（见图 3-6）也体现出了这一点，泥炭藓的死亡会促进土壤中 DOC 含量的升高，最终通过影响 WTD 而影响 N_2O 通量的大小。图 3-7 中，维管植物盖度与 N_2O 的通量呈正相关性，除了上述通过影响泥炭藓盖度从而对 N_2O 通量的间接影响外，维管植物本身的通气组织也会为 N_2O 通量提供排放路径[17, 182]，这有利于泥炭较深层的 N_2O 排放到大气中，同时也证明了我们的第二个假设。

综上所述，长期增温一方面通过刺激土壤酶活性，加速泥炭土壤的分解，为产生 N_2O 的生物化学过程提供底物和能量来源，导致反硝化作用加强，N_2O 排放增加；另一方面由于分解加强的原因，间接改变了土壤的水分条件，加剧了土壤的淹水条件，为反硝化作用提供了更加适宜的反应场所，导致 N_2O 通量增强。增温导致的维管植物的增加为 N_2O 排放提供了排放通路，最终导致 N_2O 排放也随之增加。

3.5 本章小结

泥炭地由于长期低温、淹水以及耐分解的特殊的环境条件导致其不是一个显著的 N_2O 的源，甚至在 N_2O 减排方面扮演着至关重要的不可替代的角色。本章通过长期模拟全球变化引起的气候变暖，探究增温对泥炭地 N_2O 源汇功能的影响，以及泥炭地生物和非生物因素对气候变化的响应。我们的研究发现，哈泥泥炭地在整个生长季是一个弱的 N_2O 的汇；约 0.6 ℃ 的生长季增温将会刺激泥炭地土壤酶活性，加速泥炭的分解，促进可溶性碳组分的流失，改善泥炭土壤养分条件，改变泥炭地植被组成，促进维管植物的生长，最终导致 N_2O 排放显著增加。研究表明，增温会强烈影响泥炭地 N_2O 的通量，使泥炭地成为一个 N_2O 的源，而其作用是可能是通过直接影响 N_2O 的产生过程和间接影响 N_2O 的排放过程来实现的。

4 长期磷添加及其与增温的交互作用对泥炭地环境与 N_2O 通量的影响

4.1　引言

全球43％的陆地土壤受到磷（P）元素的限制[146, 147]，但是自19世纪以来，全球自然和人为导致的P排放量增加了50%[33]。P是泥炭地中重要的基本营养元素之一，在植物生长、发育和繁殖过程中具有重要的作用，也是微生物生长必需的营养元素[32]。北方泥炭地生态系统由于低温、酸性以及特殊的水文条件导致其贫营养的环境，植物生长和分解作用通常受到P元素的限制[34, 147]。随着人类活动的不断加剧，泥炭地P的可用性可能会逐渐增加，这将导致P不再是泥炭地的限制因子[35, 53, 114]。微生物是泥炭地中重要的分解者，其生长和代谢过程中对P的需求较高，在P限制的生态系统中，微生物活性对P输入的增加特别敏感，P输入会促进微生物对P的吸收，从而刺激硝化和反硝化菌的活性，加速土壤中N的周转速率，促进土壤N的矿化，产生更多的N_2O[30, 36-38, 148]。Mori的荟萃分析发现，贫P生态系统中P的添加会满足微生物对P的需求，导致微生物群落和丰度均有所上升[183]。Li等的研究发现，北方泥炭地在P添加之后土壤酶活性显著提高，这将促进泥炭的分解，加速土壤中C和N的循环，从而为硝化和反硝化微生物提供能量和反应底物，促进N_2O的排放[149, 150]。Mori等关于热带种植园P添加的实验中发现，P添加会促进土壤N循环，缓解反硝化菌的P限制，从而产生更多的N_2O[148]。

全球变化引起的气候变暖对泥炭地N_2O通量，以及生物和非生物因子的影响是强烈的，正如我们在第3章中所叙述的，增温会刺激泥炭地土壤酶活性和微生物活性，加速泥炭的分解，改善泥炭地营养条件，改变泥炭地植物组成，从多个方面直接或者间接地促进了泥炭地N_2O的排放，导致泥炭地成为一个显著的N_2O的源。目前有关增温和P添加的交互作用对泥炭地N_2O排放的影响研究还比较少。Wang等有关升温条件下湿地底泥水体P元素循环特征的研究中发现，温度升高将会加速湿地土壤P的矿化和P循环，刺激土壤酶活性，导致水体中可利用P的浓度增加，他们认为这会提高未来P从底泥释放到表层土壤的风险[184]，表层土壤是N_2O产生和排放的主要场所[185, 186]，如果表层土壤的P浓度增加，将会解除有关产生N_2O的生物化学过程的P限制，导致N_2O排放增加。Teng等的研究发现，磷酸单酯和正磷酸盐是湿地土壤中主导的P素形态，变暖会改变微生物群落，刺激微生物活性，从而增加磷酸单酯和正磷酸盐的浓度，导致湿地可利用P底物大幅增加[187]。Lie等的研究发现，约2.1 ℃的增温会大幅提高森林生态系统中的P含量，加速土壤P循环[188]。Cao等在青藏高原高寒草甸草原的5年的增温实验表明，增温会显著增加表层土壤速效P浓度，他们的研究表明短期增温会促进稳定形态P向不稳定形态P的转化，从而更有利于微生物的吸收和利用，打破土壤和微生物的P限制[189]。

P添加对N$_2$O通量的影响是多方面的，P添加会缓解N添加对N$_2$O排放的积极效应[157, 160, 190]。P添加会促进土壤微生物固N，促进维管植物的生长，这会导致植物和微生物对可利用N的竞争，造成微生物可利用底物相对减少，缓解土壤N$_2$O的排放[161]。有研究发现，P添加会解除喜磷植物的P限制，促进植物根系对P的吸收，导致土壤中的总P以及微生物生物量P显著降低，导致N$_2$O排放显著下降[159]。P添加还会影响泥炭地植物凋落物的组成和分解[191]，这可能会间接地影响泥炭地N$_2$O排放。Lu等有关北方泥炭地对长期P添加的响应研究发现，P添加之后由于维管植物的增多，提高了泥炭地凋落物输入的品质，这将为产生N$_2$O的生物化学过程提供底物来源，大大提高了泥炭地排放N$_2$O的潜力[127]。综上所述，P添加及其与增温的交互作用对土壤N$_2$O排放的影响机制比较复杂且是多方面的，P添加会解除土壤和微生物的P限制，刺激微生物和胞外酶活性；增温则会加速土壤中P的矿化，刺激硝化和反硝化作用对P的利用，最终导致N$_2$O的排放增加。目前大多数有关P添加对N$_2$O通量影响的研究还是集中在森林和草原生态系统，有关长期P添加和增温条件下P添加对山地泥炭沼泽N$_2$O源汇功能影响的研究还很少。

我们选取了长白山哈泥泥炭地长期模拟全球变化实验样地中的20个样方，基于气体通量监测和室内实验，尝试探究全球变化背景下，长期P添加及其与增温的交互作用对泥炭地N$_2$O净通量的影响，以及泥炭地生物和非生物因子对长期P添加和增温条件下P添加的响应，基于前人研究，我们提出以下假设：(1)P添加会缓解泥炭地的P限制，刺激泥炭地土壤酶活性，加速泥炭的分解，为产生N$_2$O的生物化学过程提供反应底物和能量来源，导致泥炭地N$_2$O的净通量增加；(2)P添加会促进维管植物的生长，维管植物的通气组织将会为N$_2$O的排放提供通路，使N$_2$O排放增加；(3)增温条件下P添加会放大单独P添加对N$_2$O排放的积极效应，导致有更多的N$_2$O排放，使泥炭地成为一个显著的N$_2$O源。

4.2　材料与方法

4.2.1　实验设计

本章实验设计选自哈泥泥炭地长期模拟全球变化样地（见图2-1）中的对照处理（N0P0H0）、低水平P添加处理（N0P1H0）、低水平P添加和增温的交互处理（N0P1H1）、高水平P添加处理（N0P2H0）以及高水平P添加和增温的交互处理（N0P2H1），每个处理4个重复，共计20个样方（见图4-1）。为了行文简洁、方便阅读，在本章中N0P0H0记作CK，N0P1H0记作P1，N0P1H1记作P1H，N0P2H0记作P2，N0P2H1记作P2H。

生长季增温是通过开顶增温棚（OTC）被动实现的。OTC规格为顶部0.8 m × 0.8 m，底部1.2 m × 1.2 m。具体实验设计参照2.2.1节部分。

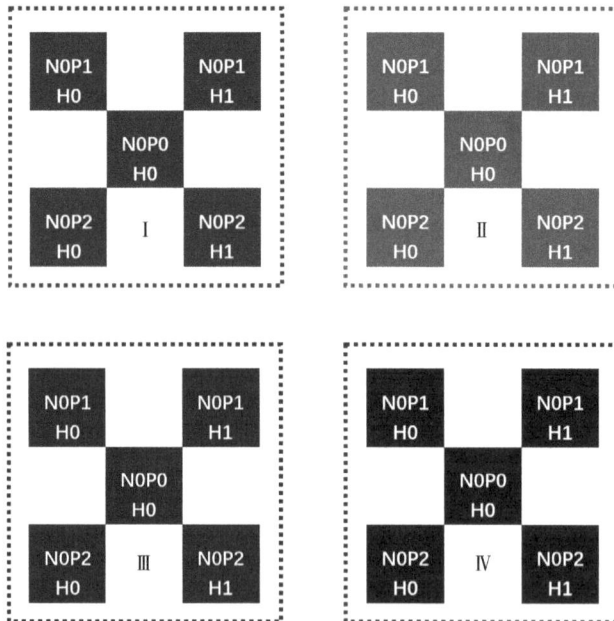

图4-1　磷添加与增温实验设计示意图

Figure 4-1　Diagram of P addition and warming experiment design

注：N0，无N添加；P1，P添加水平为5 kg P ha^{-1} a^{-1}；P2，P添加水平为10 kg P ha^{-1} a^{-1}；H0，不增温；H1，增温。Ⅰ、Ⅱ、Ⅲ、Ⅳ代表4个重复区组。

Note：N0, no N addition；P1, P addition with 5 kg P ha^{-1} a^{-1}；P2, P addition with 10 kg P ha^{-1} a^{-1}；H0, no warming；H1, warming. Ⅰ, Ⅱ, Ⅲ, Ⅳ represent 4 blocks.

4.2.2　N_2O 的采集及分析

野外 N_2O 的测量和分析采用静态箱 – 气相色谱法，具体气体样本的采集时间，以及采集和分析步骤详见 2.2.2 节部分。

4.2.3　环境因子的监测

在监测 N_2O 通量的同时，测量每个样方的环境因子指标，包括土壤呼吸圈苔藓表层以下 5 cm 和 20 cm 处的土壤温度（T_{soil}，5 cm 和 T_{soil}，20 cm）、苔藓表层以上 20 cm 处的空气温度、土壤湿度（SM）、水位埋深（WTD），以及原位泥炭水 pH 值。具体的测量频率和方法详见 2.2.3 节部分。

4.2.4　泥炭理化性质的测定

2019 年 8 月从野外样方中采集泥炭样本并分析其理化指标，包括总氮（TN）、总碳（TC）、总磷（TP）、可溶性有机碳（DOC）。具体测定方法详见 2.2.4 节部分。

4.2.5　土壤酶活性的测定

β –D– 葡萄糖苷酶（β –D–glucosidase，BDG）、N– 乙酰 – β –D– 葡萄糖苷酶（N–acetyl– β –glucosaminidase，NAG）和磷酸酶（phosphatase，PHO）是泥炭地中常用来衡量有机碳分解的三种水解酶，分别是将纤维素水解为葡萄糖来获取 C、分解几丁质获取 N、催化磷酸单酯获取磷酸盐的酶，其活性强度可直接反映泥炭分解的强弱[45-47]。酚氧化酶（phenol oxidase，POX）可以将酚类物质部分氧化成简单的有机化合物，POX 的活性对泥炭地有机质的积累以及缓解泥炭分解过程是非常重要的[48, 49]。本研究利用微孔板荧光法测定泥炭土壤中上述 3 种水解酶和 1 种氧化酶的活性[173]。具体测定方法详见 2.2.6 节部分。

4.2.6　植被调查

2019 年 7 月末对每个样方呼吸圈内泥炭藓和维管植物的盖度进行调查，具体调查方法详见 2.2.5 节部分。

4.2.7　数据处理和分析

所有的数据在分析前均采用残差图法进行正态性检验，必要时对数据进行对数转换。本章通过双因素方差分析、重复测量方差分析来评估不同处理对N_2O通量以及生物、非生物因子的影响，利用相关分析、主成分分析以及结构方程模型来探究N_2O通量与各因子之间，以及生物和非生物因子之间的关系。具体数据处理及分析方法详见2.2.8节部分。

4.3　结果

4.3.1　N_2O通量

增温对生长季累积N_2O通量有显著影响（$P = 0.082$，表4-1），这与我们上一章有关单独增温条件下对N_2O通量影响的结果一致。无论是单独的低水平还是高水平的P添加对哈泥泥炭地N_2O源汇功能均没有显著影响（见表4-2、图4-2），不同的是，低水平P添加更趋于N_2O的排放（$38 \pm 24\,g\,m^{-2}$，$t = 1.548$，$P = 0.219$），而高水平P添加更趋向于N_2O的吸收（$-39 \pm 49\,g\,m^{-2}$，$t = 0.763$，$P = 0.484$）。增温条件下P添加对生长季累积N_2O通量有边际影响趋势（$P = 0.121$，表4-1），但是对生长季平均N_2O通量有显著影响（$P = 0.010$，表4-2），其中增温条件下低水平P添加对泥炭地N_2O的源汇功能没有显著影响，而增温下高水平P添加显著促进了N_2O的排放（$t = 3.361$，$P = 0.041$），通量为$101 \pm 30\,g\,m^{-2}$，使泥炭地成为一个N_2O的源（见图4-2）。

哈泥泥炭地2019年生长季N_2O月均通量如图4-3所示，各个处理N_2O通量具有较为明显的月际变化。所有处理在5—7月的N_2O通量均比较低，没有明显的源汇交替的现象，而N_2O的排放和吸收主要集中在8—9月。其中，P1和P2H在8月达到了生长季排放顶峰，N_2O通量分别为$109 \pm 29\,g\,m^{-2}\,h^{-1}$和$210 \pm 81\,g\,m^{-2}\,h^{-1}$，P1H达到了生长季$N_2O$吸收顶峰，通量为$58 \pm 81\,g\,m^{-2}\,h^{-1}$，其他处理均处在吸收状态。P2在9月第一次采样时达到了生长季N_2O吸收的最大量，通量为$-69 \pm 61\,g\,m^{-2}\,h^{-1}$，而P2H变成吸收状态，通量为$-70 \pm 61\,g\,m^{-2}\,h^{-1}$。在9月第二次采样中，CK和P1达到了生长季$N_2O$吸收的最大量，通量分别为$-67 \pm 77\,g\,m^{-2}\,h^{-1}$和$-53 \pm 64\,g\,m^{-2}\,h^{-1}$，P1H达到了生长季$N_2O$排放顶峰，通量为$77 \pm 42\,g\,m^{-2}\,h^{-1}$，P2H的通量为$56 \pm 77\,g\,m^{-2}\,h^{-1}$。

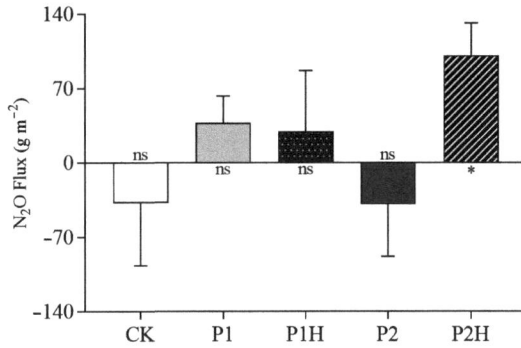

图 4-2　哈泥泥炭地 2019 年生长季累积 N₂O 通量（平均值 ± 标准误差，$n = 4$）

Figure 4-2　Cumulative N₂O fluxes （mean ± SEM，$n = 4$）in Hani peatland in the growing season of 2019

注：CK，对照；P1，P添加水平为 5 kg P ha^{-1} a^{-1}；P2，P添加水平为 10 kg P ha^{-1} a^{-1}；P1H，P1+增温；P2H，P2+增温。星号代表 N₂O 通量与0的显著差异。$^*P < 0.05$；ns，没有显著差异。

Note：CK，control；P1，P addition with 5 kg P ha^{-1} a^{-1}；P2，P addition with 10 kg P ha^{-1} a^{-1}；P1H，P1 + warming；P2H，P2 + warming. Asterisks denote N₂O flux significantly different from zero. $^*P < 0.05$；ns，no significant difference.

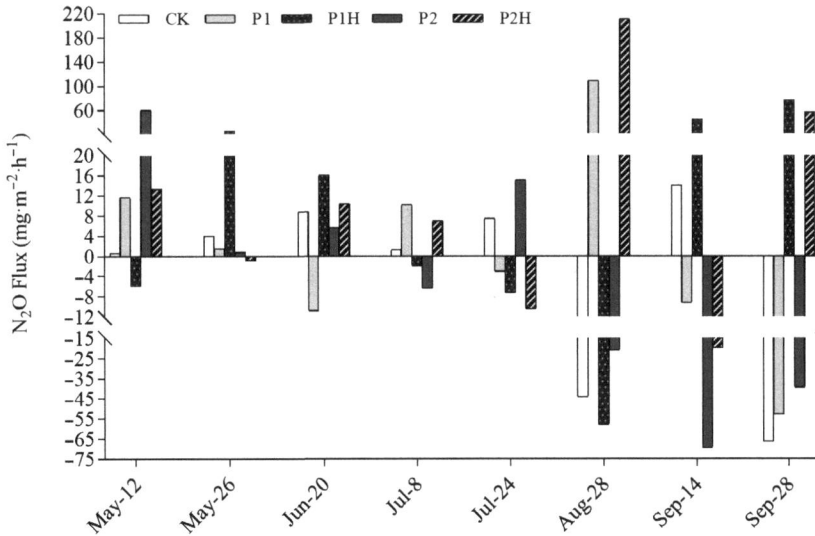

图 4-3　哈泥泥炭地 2019 年生长季 N₂O 月均通量（平均值 ± 标准误差，$n = 4$）

Figure 4-3　Monthly mean N₂O fluxes （mean ± SEM，$n = 4$）in Hani peatland in the growing season of 2019

注：CK，对照；P1，P添加水平为 5 kg P ha^{-1} a^{-1}；P2，P添加水平为 10 kg P ha^{-1} a^{-1}；P1H，P1+增温；P2H，P2+增温。

Note：CK，control；P1，P addition with 5 kg P ha^{-1} a^{-1}；P2，P addition with 10 kg P ha^{-1} a^{-1}；P1H，P1 + warming；P2H，P2 + warming.

表4-1 不同处理对哈泥泥炭地生物和非生物因子的影响（双因素方差分析）

Table 4-1 Effects of different treatments on biological and abiotic factors in Hani peatland （Two-way ANOVA）

Parameter	Warming		P addition		Warming × P addition	
	F	P	F	P	F	P
Cumulative N_2O flux	3.456	0.082[*]	0.453	0.718	2.603	0.121
T_{soil}，5 cm	1.748	0.206	0.325	0.727	0.178	0.679
T_{soil}，20 cm	5.396	0.034[*]	0.3558	0.704	2.645	0.124
WTD	4.515	0.050[*]	8.386	0.003[***]	5.671	0.031[**]
DOC	0.052	0.822	26.020	0.000[**]	1.834	0.196
pH	0.140	0.713	2.219	0.143	1.266	0.278
TN	6.763	0.020[**]	1.621	0.230	0.394	0.539
TC	1.899	0.188	1.707	0.367	3.248	0.091[*]
TP	19.812	0.000[***]	17.754	0.000[***]	1.759	0.205
N：P	11.052	0.005[***]	18.979	0.000[***]	0.356	0.560
C：N	5.396	0.034[**]	2.256	0.139	0.056	0.816
SC	2.378	0.143	6.602	0.008[***]	1.789	0.200
VPC	2.439	0.139	7.594	0.005[***]	0.061	0.807
BDG	16.321	0.001[***]	7.278	0.006[***]	0.666	0.427
NAG	15.418	0.001[***]	4.559	0.028[**]	0.085	0.774
POX	2.648	0.124	34.563	0.000[***]	3.461	0.082[*]
PHO	28.476	0.000[***]	248.845	0.000[***]	9.306	0.008[***]

注释：Cumulative N_2O flux，累积 N_2O 通量；WTD，水位埋深；DOC，可溶性有机碳；TN，总氮；TC，总碳；TP，总磷；SC，泥炭藓盖度；VPC，维管植物盖度；BDG，β-D-葡萄糖苷酶；NAG，N-乙酰-β-D-葡萄糖苷酶；POX，酚氧化酶；PHO，磷酸酶。显著性水平：[***]$P < 0.01$，[**]$P < 0.05$，[*]$P < 0.1$。

Note：WTD, water table depth；DOC, dissolved organic carbon；TN, total nitrogen；TC, total carbon；TP, total phosphorus；SC, *Sphagnum* cover；VPC, vascular plants cover；BDG, β-D-glucosidase；NAG, N-acetyl-β-glucosaminidase；POX, phenol oxidase；PHO, phosphatase. Asterisk represents a significant difference，[***]$P < 0.01$，[**]$P < 0.05$，[*]$P < 0.1$.

表4-2 增温以及P添加对哈泥泥炭地2019年生长季平均N_2O通量的影响（重复测量方差分析）

Table 4-2 Effect of warming and P addition on mean N_2O flux in the growth season of 2019 in Hani peatland（repeated measurement ANOVA）．[**]$P < 0.01$

Treatment	df	F	P
Warming	1	0.181	0.674

Treatment	df	F	P
P addition	2	0.003	0.997
Warming × P addition	1	7.658	0.010**

注释：Warming，增温；P addition，磷添加。

4.3.2　非生物因子的变化

从表4-1中可以看到，增温对生长季非生物因子有显著影响的包括土壤表层下20 cm温度、WTD、TP、TN、N∶P以及C∶N，对生物因子有显著影响的包括BDG、NAG和PHO。P添加对生长季非生物因子有显著影响的包括WTD、DOC、TP和N∶P，对生物因子有显著影响的包括泥炭藓盖度、维管植物盖度、BDG、NAG、PHO和POX活性。增温条件下P添加对WTD、TC、POX活性和PHO活性有显著影响。

无论单独P添加水平的高低，均使WTD变小，但是P1H的WTD显著高于P1（$P = 0.007$），而P2H的WTD显著低于P1H（$P = 0.03$）（见图4-4a）。单独P添加显著增多了DOC含量（显著性水平分别为P1：$P < 0.08$，P2：$P < 0.001$），而且P2的DOC含量是5个处理中最高的（$P < 0.09$），约是CK的2倍。增温条件下P添加对DOC含量影响不同，其中P1H的DOC含量与CK没有显著差异，而P2H的DOC含量显著高于CK（$P < 0.05$，图4-4b）。5个处理之间N∶P和C∶N没有显著差异，但是可以看出随着P添加和增温，N∶P和C∶N有下降的趋势，大小依次为：CK > P1 > P1H > P2 > P2H（见图4-4c、图4-4d）。5个处理之间的TN含量没有显著差异，其中CK最小，P2H最高（见图4-4e）。P添加以及增温条件下P添加显著增加了TP含量，各处理TP含量大小依次为：CK > P1 > P1H > P2 > P2H（见图4-4f）。各处理之间TC含量和pH值没有显著差异，而且没有明显的变化趋势（见图4-4g、图4-4h）。

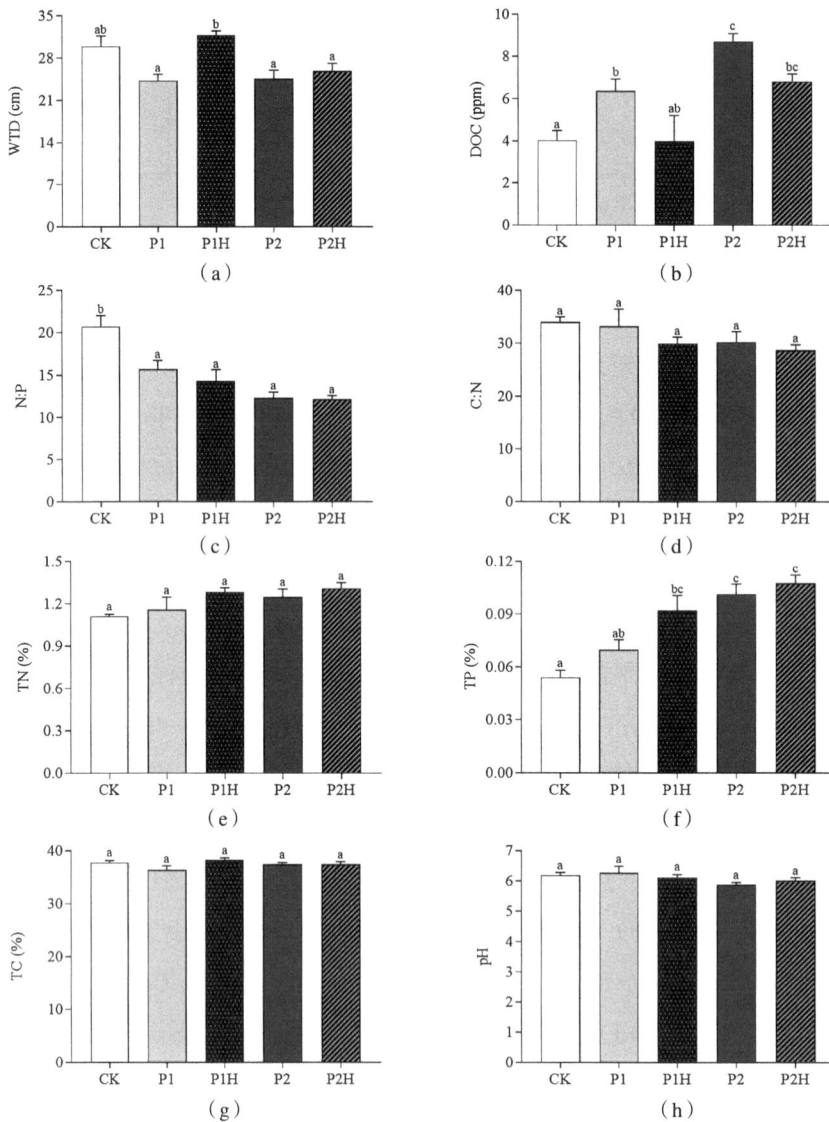

图 4-4 哈泥泥炭地 2019 年生长季 P 添加处理及增温条件下 P 添加对非生物因子的影响（平均值 ± 标准误差，n=4）。（a）WTD；（b）DOC；（c）N : P；（d）C : N；（e）TN；（f）TP；（g）TC；（h）pH

Figure 4-4　Abiotic factors among the different treatments in Hani peatland in 2019（mean ± SEM，n = 4）.（a）WTD；（b）DOC；（c）N : P；（d）C : N；（e）TN；（f）TP；（g）TC；（h）pH

注：CK，对照；P1，P 添加水平为 5 kg P ha^{-1} a^{-1}；P2，P 添加水平为 10 kg P ha^{-1} a^{-1}；P1H，P1 + 增温；P2H，P2 + 增温。WTD，水位埋深；DOC，可溶性有机碳；TC，总碳；TN，总氮；TP，总磷。不同的小写字母代表具有显著差异。（P < 0.05）。

Note：CK，control；P1，P addition with 5 kg P ha^{-1} a^{-1}；P2，P addition with 10 kg P ha^{-1} a^{-1}；P1H，P1 + warming；P2H，P2 + warming. WTD，water table depth；DOC，dissolved organic carbon；TC，total carbon；TN，total nitrogen；TP，total phosphorus. Different lowercase letters represent significant differences（P < 0.05）between the treatments.

4.3.3　植被变化

P添加显著影响了泥炭藓盖度和维管植物盖度（见表4-1），各处理总盖度之间没有显著差异（见图4-5），其中CK的泥炭藓盖度是所有处理中最高的，其他有P添加处理的泥炭藓盖度均显著低于CK（$0.0003 < P < 0.09$），且它们之间没有显著差异，其中P2的泥炭藓盖度高于其他有P添加的处理。各个有P添加的处理维管植物盖度之间没有显著差异，且全部显著高于CK（所有$P < 0.0001$）。CK的维管植物盖度显著小于泥炭藓盖度和总盖度，而其他处理泥炭藓盖度和维管植物盖度之间没有差异，且显著低于总盖度。

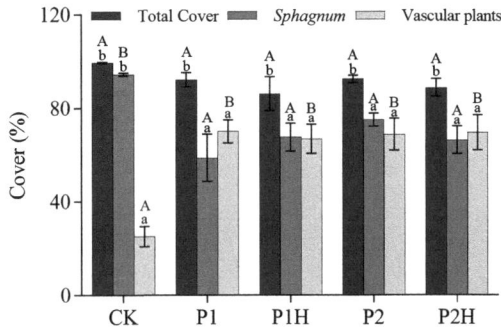

图 4-5　植物盖度（平均值 ± 标准误差，$n = 4$）

Figure 4-5　Plants cover（mean ± SEM，$n = 4$）

注：Vascular plants，维管植物盖度；*Sphagnum*，泥炭藓盖度；Total，总盖度。CK，对照；P1，P添加水平为 5 kg P ha⁻¹ a⁻¹；P2，P添加水平为 10 kg P ha⁻¹ a⁻¹；P1H，P1+增温；P2H，P2+增温。不同的大写字母代表同一植物盖度不同处理间的显著差异，不同的小写字母代表同一处理下不同植物盖度间的显著差异。$P < 0.05$。

Note：CK，control；P1，P addition with 5 kg P ha⁻¹ a⁻¹；P2，P addition with 10 kg P ha⁻¹ a⁻¹；P1H，P1 + warming；P2H，P2 + warming. Different capital letters represent significant differences between different treatments of the same plant cover，and different lower case letters represent significant differences between different plants under the same treatment. $P < 0.05$.

4.3.4　土壤酶活性

各个有P添加的处理之间BDG活性没有显著差异，且均显著高于CK（$P < 0.05$，图4-6a），其中P2H的BDG活性最高。P1和P2的NAG活性高于CK但是没有统计学意义（显著性水平分别为 $P = 0.131$ 和 $P = 0.111$），P1H和P2H的NAG活性均显著高于CK（二者$P < 0.05$），且二者之间没有显著差异，增温条件下NAG活性大于单独P添加时的NAG活性，但是不显著（见图4-6b）。随着P添加和增温，POX的活性升高，其中P1、P2以及P2H的POX活性均显著大于CK，但三者之间POX活性没

有显著差异。P1H的POX活性显著低于P2和P2H（二者 $P < 0.05$），而高于CK但是不显著，P2H的POX活性最高（见图4-6c）。有P添加处理的PHO活性均显著低于CK（$P < 0.001$），PHO活性随着P添加水平的增加而增加，其中P1和P1H的PHO的活性没有显著差异，P2H的PHO的活性最高，显著高于其他有P添加的处理（见图4-6d）。

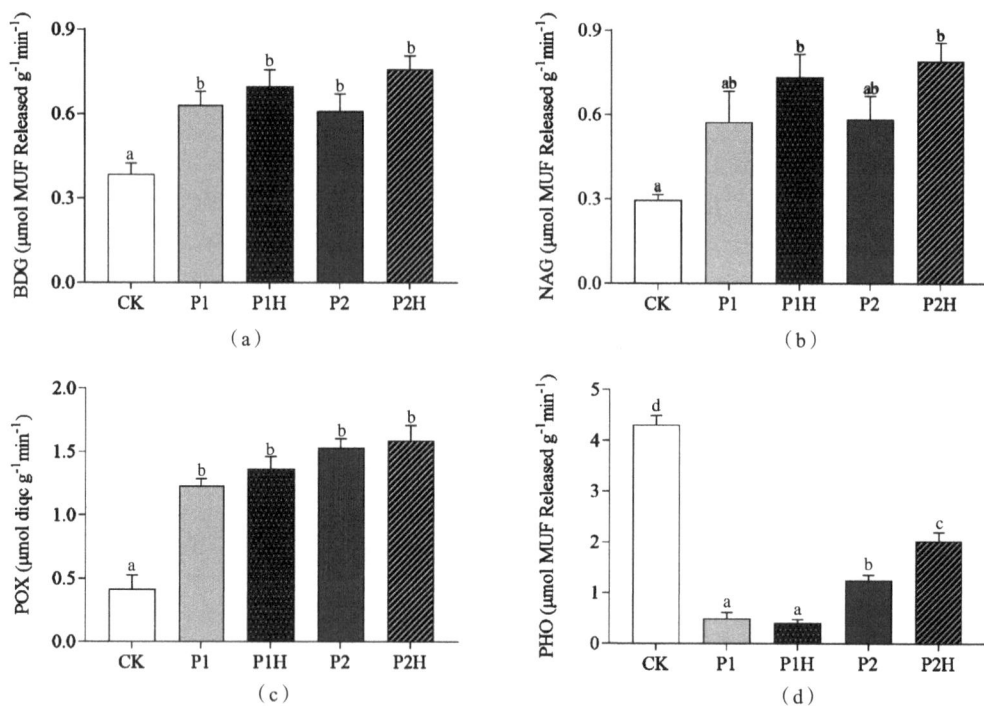

图4-6　土壤酶活性（平均值 ± 标准误差，$n = 4$）。（a）BDG；（b）NAG；（c）POX；（d）PHO

Figure 4-6　Soil enzyme activities（mean ± SEM，$n = 4$）.（a）BDG；（b）NAG；（c）POX；（d）PHO

注：CK，对照；P1，P添加水平为5 kg P ha^{-1} a^{-1}；P2，P添加水平为10 kg P ha^{-1} a^{-1}；P1H，P1 + 增温；P2H，P2 + 增温。BDG，β-D-葡萄糖苷酶；NAG，N-乙酰-β-D-葡萄糖苷酶；POX，酚氧化酶；PHO，磷酸酶。不同的小写字母代表处理间具有显著差异。$P < 0.05$。

Note：CK，control；P1，P addition with 5 kg P ha^{-1} a^{-1}；P2，P addition with 10 kg P ha^{-1} a^{-1}；P1H，P1 + warming；P2H，P2 + warming. BDG，β-D-glucosidase；NAG，N-acetyl-β-glucosaminidase，POX，phenol oxidase，PHO，phosphatase. Different lowercase letters represent significant differences between treatments. $P < 0.05$.

（a）

（b）

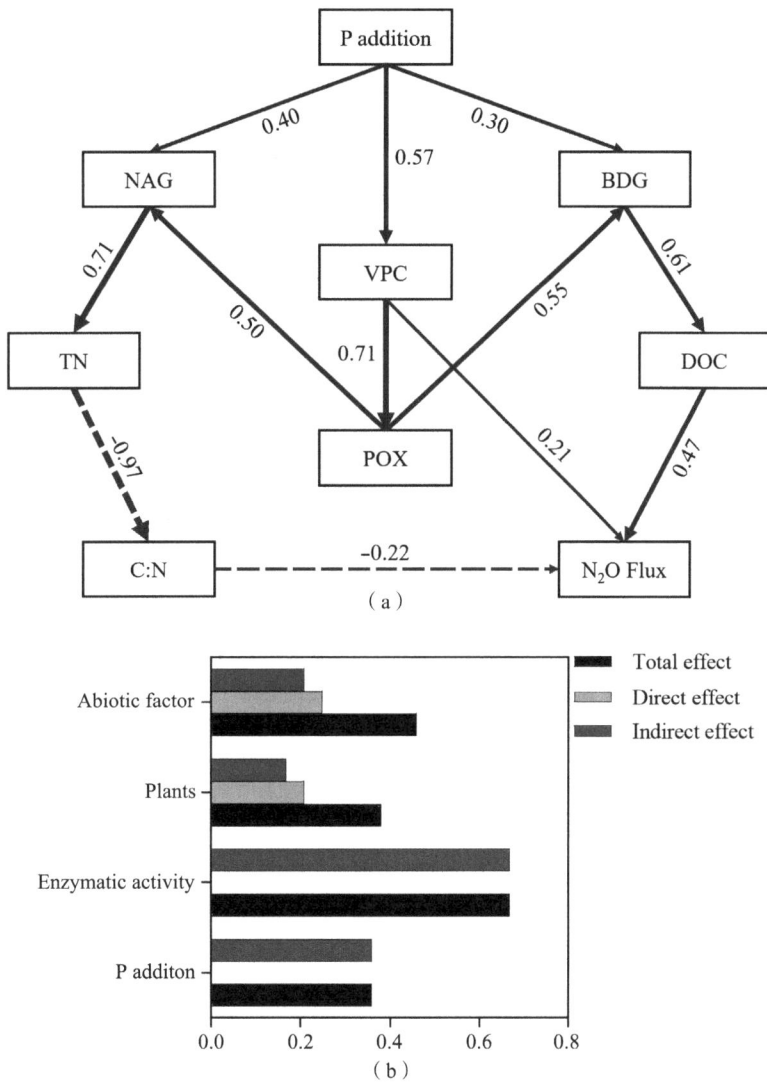

图 4-7　（a）结构方程模型（Chi-square = 0.494，CFI = 0.990，TLI = 0.984，AIC = 999.11，
BIC = 965.01，RMSEA = 0.049，SRMR = 0.007）。（b）效应模型

Figure 4-7　（a）Structural equation model between P addition and parameters （Chi-square =
0.494，CFI = 0.990，TLI = 0.984，AIC = 999.11，BIC = 965.01，RMSEA = 0.049，SRMR = 0.007）.
（b）Effect model

　　注：实线箭头表示正相关性，虚线箭头表示负相关性，箭头上的数字代表标准化后的参
数估计值。DOC，可溶性有机碳；VPC，维管植物盖度；BDG，β-D-葡萄糖苷酶；NAG，N-乙
酰-β-氨基葡糖苷酶；POX，酚氧化酶；TN，总氮；Total effect，总效应；Direct effect，直接效应；
Indirect effect，间接效应；Abiotic factor，非生物因子；Plants，植物；Enzymatic activity，酶活性。

Note：The solid arrow represents positive correlation and the dashed arrow represents negative
correlation，the numbers on the arrows represent the standardized parameter estimates. DOC, dissolved
organic carbon；VPC, vascular plant cover；BDG, β-D-glucosidase；NAG, N-acetyl-β-
glucosaminidase；POX, phenol oxidase；TN, total nitrogen.

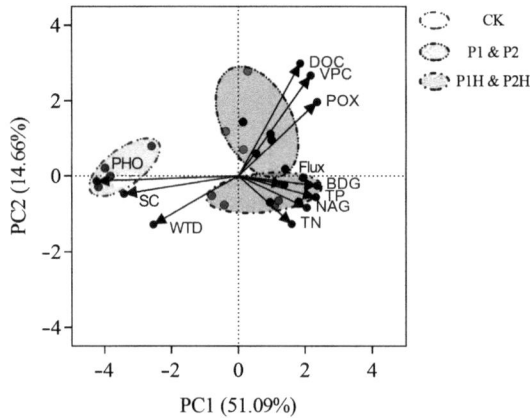

图 4-8　主成分分析

Figure 4-8　Principal component analysis

注：Flux，N₂O 通量；DOC，可溶性有机碳；TP，总磷；TN，总氮；WTD，水位埋深；VPC，维管植物盖度；SC，泥炭藓盖度；BDG，β-D-葡萄糖苷酶；NAG，N-乙酰-β-D-葡萄糖苷酶；POX，酚氧化酶；PHO，磷酸酶。

Note：DOC，dissolved organic carbon；TP，total phosphorus；TN，total nitrogen；WTD，water table depth；VPC，vascular plant cover；SC，*Sphagnum* cover；BDG，β-D-glucosidase；NAG，N-acetyl-β-glucosaminidase，POX，phenol oxidase，PHO，phosphatase.

4.3.5　相关分析和主成分分析

表4-3展示了哈泥泥炭地在P添加以及增温下P添加条件下各个生物和非生物因子之间的相关关系。从左向右依次为，N₂O通量与BDG和NAG活性呈显著正相关；DOC含量与土壤TP含量、维管植物盖度、BDG和NAG活性呈显著正相关，与WTD、N∶P、pH和PHO活性呈显著负相关；TP含量与TN、维管植物盖度、BDG、NAG和POX活性呈显著正相关，与总盖度、C∶N、N∶P和PHO活性呈显著负相关；TN含量与C∶N、N∶P呈显著负相关，与BDG、NAG以及POX呈显著正相关；TC含量仅与WTD呈显著正相关；泥炭藓盖度与维管植物盖度、BDG和POX活性呈显著负相关，与总盖度、N∶P和PHO活性呈显著正相关；维管植物盖度与总盖度、WTD、N∶P和PHO呈显著负相关，与BDG、NAG以及POX活性呈显著正相关；总盖度与N∶P和PHO活性呈显著正相关；WTD与N∶P呈显著正相关，与POX呈显著负相关；C∶N与N∶P、PHO呈显著正相关，与BDG、NAG和POX呈显著负相关；N∶P与pH和PHO呈显著正相关，与BDG、NAG和POX呈显著负相关；BDG与NAG、POX活性呈显著正相关，与PHO活性呈显著负相关；POX与PHO活性呈显著负相关。

表4-3　P添加及其与增温的共同作用下哈泥泥炭地生物和非生物因子之间的相关关系

Table 4-3　Correlation analysis between biological and abiotic factors under P addition and co-effect of P addition and warming in Hani peatland

	Flux	DOC	TP	TN	TC	SC	VPC	TCov	WTD	C:N	N:P	pH	BDG	NAG	POX	PHO
Flux																
DOC	0.091															
TP	0.362	0.562**														
TN	0.201	0.246	0.768***													
TC	-0.045	-0.254	0.146	0.269												
SC	-0.278	-0.209	-0.348	-0.056	0.332											
VPC	0.355	0.452**	0.544**	0.285	-0.295	-0.606***										
TCov	-0.135	-0.004	-0.475**	-0.346	-0.099	0.674***	-0.402*									
WTD	-0.242	-0.575***	-0.235	0.088	0.476**	0.135	-0.467**	-0.165								
C:N	-0.195	-0.318	-0.766***	-0.975***	-0.061	0.112	-0.357	0.327	0.008							
N:P	-0.36	-0.639***	-0.927***	-0.529**	0.027	0.525**	-0.725***	0.489**	0.410*	0.556**						
pH	-0.047	-0.488**	-0.370	0.077	0.078	0.142	-0.072	-0.2	0.299	-0.082	0.435*					
BDG	0.432*	0.411*	0.683***	0.549**	-0.297	-0.529**	0.668***	-0.348	-0.317	-0.617***	-0.701***	-0.229				
NAG	0.515**	0.394*	0.693***	0.639***	0.093	-0.185	0.416*	-0.188	-0.142	-0.641***	-0.618***	0.027	0.705***			
POX	0.346	0.728***	0.722***	0.422*	-0.264	-0.456**	0.638***	-0.250	-0.589***	-0.495**	-0.778***	-0.244	0.621***	0.491**		
PHO	-0.227	-0.504**	-0.476**	-0.374	0.186	0.643***	-0.657***	0.459**	0.208	0.431*	0.586***	-0.002	-0.624***	-0.551***	-0.509**	

注：WTD，水位埋深；DOC，可溶性有机碳；TN，总氮；TC，总碳；TP，总磷；SC，泥炭藓盖度；VPC，维管植物盖度；TCov，总盖度。显著性水平：***$P < 0.01$，**$P < 0.05$，*$P < 0.1$。葡萄糖苷酶；NAG，N-乙酰-β-D-葡萄糖苷酶；POX，酚氧化酶；PHO，磷酸酶。

Note: WTD, water table depth; DOC, dissolved organic carbon; TN, total nitrogen; TC, total carbon; TP, total phosphorus; SC, *Sphagnum* cover; VPC, vascular plants cover; TCov, total cover; BDG, β-D-glucosidase; NAG, N-acetyl-β-glucosaminidase; POX, phenol oxidase; PHO, phosphatase. ***$P < 0.01$, **$P < 0.05$, *$P < 0.1$.

对 N_2O 通量以及 TN、TP、DOC、BDG、NAG、POX、PHO、泥炭藓盖度和维管植物盖度进行了主成分分析（见图4-8）。PC1的方差百分比达到了51.09 %，PC2的方差百分比达到了14.66 %，PC1和PC2的累计方差百分比达到了69.74 %。对照组、仅P添加的处理（P1和P2）以及增温条件下P添加处理（P1H和P2H）出现了明显的分组，这表明P添加和增温条件下P添加显著影响了哈泥泥炭地 N_2O 通量以及生物和非生物因子。

4.4　讨论

4.4.1　P添加与泥炭地 N_2O 的源汇功能

尽管单一P添加处理对生长季 N_2O 通量没有显著的影响（见表4-1、表4-2），且无论是低水平P添加还是高水平P添加在整个生长季均不是 N_2O 明显的源和汇（见图4-2），但是P1和P2处理的 N_2O 通量特征以及生物和非生物因子对不同水平P添加的响应还是有所差异。我们发现，CK的PHO活性很高（见图4-4d），说明泥炭地由于P的缺乏，微生物需要通过分解磷酸单酯来获取可利用的P，而且表4-1中CK的TP含量最低以及PHO与TP的显著负相关（见表4-3）证明了这点。由于P是微生物生长和代谢必需的营养元素，因此在P限制的生态系统中，P的缺乏会导致微生物和胞外酶活性不高，不能够积极地分解有机质和泥炭为反硝化过程提供底物和能量来源[192-194]，这也是天然状态下 N_2O 通量很小的原因之一。虽然P1处理在整个生长季不是一个显著的 N_2O 的源，但是在8月P1处理有一次显著的 N_2O 排放（图4-3，$P = 0.05$），且通量显著高于CK（$P < 0.1$），这说明长期P添加缓解甚至解除了反硝化细菌的P限制，促进了反硝化作用，导致 N_2O 的通量增加[38, 40, 148]。这证明了我们的第一个假设，即P添加对哈泥泥炭地P限制的缓解，促进了反硝化作用及由此造成的 N_2O 排放增加。

P添加显著影响了BDG和NAG的活性（见表4-1），而且BDG和NAG的活性与TP含量和DOC含量呈显著正相关（见表4-3），这可以说明泥炭地中的分解过程与P密不可分。P1处理的DOC含量要显著高于CK，而且BDG和NAG的活性显著高于CK，这说明由于P添加缓解了微生物的P限制，微生物需要投资产生更多的水解酶来分解有机质从而获得所需的可利用的C和N[195]，这会为产生 N_2O 的生物化学过程提供可利用的反应底物和能量来源，刺激 N_2O 的排放[196]。有研究显示，P添加会增加土壤中微生物群落的大小[197, 198]，从而加速土壤中C的矿化，这可以加速土壤C循环，为硝化和反硝化作用提供能量来源[199]，导致 N_2O 排放增加。与P1处理不同，P2处理整个生长季更趋向于一个 N_2O 的汇，我们认为这可能和高剂量的P添加导致的 N_2O 被还原为 N_2 有关。P2的DOC含量是所有处理中最高的，而且TN含量和TP含量高度耦合（见表4-3）且均高于P1处理，同时P2的C：N比值要低于P1，这可能说明P2处理的可利用C和N要高于P1，在上文中我们曾提到，更高的养分可利用性以及低的C：N[177]更有利于反硝化作用的完全发生[19, 59, 79, 119]，导致 N_2O 还原为 N_2。DOC作为反硝化作用中的电子供体，其含量对反硝化作用的发生至关重要，更高的DOC浓度会刺激反硝化作用消耗 N_2O 作为电子受体，导致 N_2O 的吸收[178]。Anderson的研究发现高水平P添加（250 kg P ha^{-1}）将大大促进草地生态系统N的矿化，从而刺激反硝化作用的发生[200]。O'Neill等的研究发现低P土壤（P添加水平为30 kg P ha^{-1} a^{-1}）的累积 N_2O 排放要显著高于高P土壤（P添加水平为45 kg P ha^{-1} a^{-1}），这是因为土壤中的微生物对不同水平P添加的响应不同[201]。P2的WTD较于CK更小，这可能与P添加促进了维管植物的生长有关，维管植物的增多将与泥炭藓竞争资源从而抑制泥炭藓的生长（见图4-5）[139]，泥炭藓的死亡将会导致WTD的被动变小，更高的水位将有助于促进土壤的厌氧条件，导致 N_2O 被吸收[60]，而表4-3中泥炭藓盖度与维管植物盖度显著负相关可以证明这个观点。

无论是低水平P添加还是高水平P添加处理，生长季大部分时间 N_2O 通量都不大，累积通量甚至接近于0，除了水分条件，还与长期P添加导致的植物组成的变化以及土壤可利用N比较低有关。首先，P添加显著增加了维管植物盖度，这对 N_2O 的产生和排放均有影响。从 N_2O 产生角度看，P添加虽然解除了微生物的P限制，但同时也解除了植物的P限制[160, 202]，在生长季前期和中期（5—7月），维管植物与产生 N_2O 的微生物之间对N资源的竞争会导致反硝化菌得不到充足的N资源，N_2O 产生受到阻碍[161]。从 N_2O 的排放角度来讲，维管植物的通气组织可以为深层土壤产生的 N_2O 排放到大气提供通路[154, 155]，这证明了我们的第二个假设。而结构方程模型也说明了以上观点（见图4-7）。植物对泥炭地 N_2O 产生和排放的双重影响，导致了P添加处理整个生长季产生 N_2O 的生物化学过程较弱，N_2O 通量不大，而排放 N_2O 的潜力相较于CK稍强。其次，P添加的处理的N：P很低（见图4-4），这表明虽然P添加解除了泥炭地P限制，但是此时土壤变成相对N限制的状态，导致可供反硝化细菌可利用的N底物比较少，水解酶也会因为缺乏可利用的N导致其活性不会因为不同水平的P添加而发生巨大的改变[180]，最终导致泥炭地生长季前期N_2O通量不大。在生长季后期（8—9月），随着维管植物的逐渐枯萎和凋亡，与微生物对营养的竞争将会减弱，导致N_2O排放增加。

综上所述，单独P添加虽然对泥炭地生长季N_2O通量的影响不是很显著，但是P添加会通过刺激土壤酶活性，加速泥炭的分解，改变泥炭地植物组成，为产生N_2O的生物化学过程提供C源以及N_2O的排放提供通路，导致泥炭地具有明显的季节性N_2O源汇功能的转变，这会提高泥炭地N_2O排放的风险，使泥炭地成为N_2O潜在的排放源。

4.4.2 增温条件下P添加与泥炭地N_2O源汇功能

增温显著影响了N_2O的通量（见表4-1），且增温条件下P添加显著影响了泥炭地生长季平均N_2O通量（见表4-2）。无论是低水平还是高水平P添加，与增温的交互作用均促进了N_2O的排放，尤其P2H处理N_2O排放显著高于CK，使泥炭地成为N_2O的源（见图4-2、图4-3），这和我们的第三个假设相符。正如我们第3章中有关增温对N_2O通量影响的研究中所提到的，增温会刺激土壤酶活性，加速泥炭的分解，促进维管植物的生长，增加土壤中的营养可利用性，为产生N_2O的生物化学过程提供可利用底物，从而促进N_2O的排放（见图4-6、图4-7）[55, 125, 126]。增温后土壤中的C∶N比值降低，这将提高一些关键胞外酶活性，例如BDG和NAG，这会促进泥炭的分解，削弱泥炭地的碳汇能力[149]。以DOC流失的C又会给反硝化作用提供C源，从而产生更多的N_2O[126]。增温同样会增加土壤中TN浓度，从图4-4中可以发现，增温下P添加处理的TN含量要略高于不增温条件下P添加下的TN含量，尽管没有统计学意义，但是可以在一定程度上缓解土壤中的N限制，而且随着增温，C∶N有所下降，这也说明了土壤中N限制条件有所缓解。我们的结构方程模型可以说明上述观点（见图4-7），P添加导致BDG和NAG的活性增加，DOC含量和TN含量随之变大，最终导致N_2O通量增加，而其中BDG和NAG的活性会同时受到增温的影响，增温和P添加对酶活性的双重影响导致水解酶活性进一步增强，有机质的分解将会更加剧烈。主成分分析中我们发现，TN含量和N_2O通量高度相关，而且P1H和P2H的聚类与TN方向一致，这可以说明上述观点。Cui等的室内实验发现，增温后会加速土壤中N的矿化，增加土壤中的TN浓度，降低土壤C∶N，导致N_2O排放增加[96, 100]。Wang等有关火烧事件对泥炭地P形态的研究中发现，热刺激会加速泥炭的分解，刺激土壤中P的矿化，使有机态的P向无机态的P转化，这可能会增加土壤中 P 的可利用性[203]，为产生 N₂O 的微生物提供可利用的 P。Liimatainen 等对 11 处泥炭地 N₂O 排放特征进行比较后发现，低 C:N 的泥炭地具有高 N₂O 排放的潜力，且土壤 P 浓度是控制这些泥炭地 N₂O 排放的关键因子，即使泥炭地的 N 可利用性很高，但是 P 的浓度仍旧会限制泥炭土壤 N₂O 的产生[204]。

P 添加之后 POX 活性相较于 CK 显著增加，这与维管植物的增加密不可分。维管植物凋落物中富含木质素，而 POX 活性对木质素含量非常敏感，随木质素的增多而活性增强[205]。P 添加处理由于生长季中后期维管植物凋落物的输入增多，POX 活性增强，根据"酶闩"理论，这会促进水解酶的活性，导致泥炭的分解加剧，土壤 DOC 含量增多（见图 4-4b），这可以为硝化和反硝化作用提供能量来源[49, 127, 149]。正如上面我们提到的，生长季中后期植物枯萎凋落，减轻了植物和微生物对养分的竞争，而且由于维管植物凋落物的输入增加了微生物的养分来源，加速产生 N₂O 的生物过程，在一定程度上弥补了由于 N 缺乏导致的 N₂O 产能不足，这可能是生长季末期 N₂O 通量变化明显的原因之一。图 4-7 中，维管植物盖度的增加导致 POX 活性增加，从而加速对土壤中酚类物质的氧化，缓解酚类物质对水解酶活性的抑制，导致 BDG 和 NAG 活性增加，进而促进微生物对泥炭和有机质分解，最终导致 N₂O 通量变大。Zeng 的研究发现，P 添加对森林植物凋落物的影响要大于对地上生物量的影响[206]。我们认为在泥炭地中可能具有相同的机制，即植物凋落物的输入和凋落物的品质是影响 N₂O 产生的重要因子。增温棚在生长季末期的保温保水效果可能会间接影响 P2H 处理的 N₂O 通量。牛书丽等对野外增温装置的介绍中提到，开顶增温棚特殊的结构会对微环境产生温室效应[207]，这会为生长季末期产生 N₂O 的生物化学过程提供适宜的环境条件。

4.5　本章小结

P 作为泥炭地植物、微生物生长和代谢过程中所需的关键营养元素，对泥炭地 N 循环以及 N₂O 的收支起着重要的作用。本研究通过对哈泥泥炭地长期模拟气候变化样地中的 P 添加以及增温条件下 P 添加样方生长季 N₂O 通量的监测，以及生物和非生物因子的测定，探究长期 P 添加及其与增温的交互作用对泥炭地 N₂O 源汇功能影响，以及泥炭地生物和非生物因子对 P 添加及其与增温的交互作用的响应。研究发现，长期低水平 P 添加通过刺激微生物和胞外酶活性，加速泥炭的分解，改变泥炭地凋落物输入的组成，促进了 N_2O 的排放，而高水平 P 添加通过刺激胞外酶活性，改变土壤化学计量比和植被组成，促进了 N_2O 的吸收。P 添加与增温的交互作用结合了增温和 P 添加对 N_2O 产生和排放的积极效应，强烈促进了泥炭地 N_2O 的排放，改变了泥炭地 N_2O 的源汇功能，使泥炭地成为一个显著的 N_2O 的源。研究表明，全球变化引起的增温和 P 沉降的增加将大大促进泥炭地 N_2O 排放，使泥炭地 N_2O 的汇功能受到严重威胁。

5 长期氮添加及其与增温的交互作用对泥炭地环境与 N_2O 通量的影响

5.1　引言

全球陆地面积的约18 %处于氮（N）限制的状态[147]，但是由于全球变化和人类活动的不断加剧，全球陆地生态系统N限制的格局正在发生变化[1, 2]。目前，人类活动在全球范围内极大地改变着N素从大气向陆地生态系统输入的方式和速率，并对生态系统的结构和功能产生显著影响[113]。泥炭地仅占全球陆地面积的3%[9]，但是储存着陆地土壤中约16 %的N，在全球N循环和N收支中起着至关重要的作用[10, 11]。泥炭地由于长期处于低温、淹水以及酸性的环境条件，对有机质的分解以及微生物活性都有着极大的限制[14]。泥炭藓凋落物因其营养不良，对微生物活性和维管植物生长有很强的抑制作用[15, 16]。泥炭地由于环境条件的限制以及植物耐分解的因素，导致其营养条件较为贫乏，会受到营养元素N的限制。一般来说，泥炭地由于长期的淹水和厌氧环境为反硝化作用的发生提供条件，反硝化作用是泥炭地N_2O产生的主要途径[18, 21, 100, 118]。然而，在以泥炭藓为主要植被类型的贫营养泥炭地，反硝化作用的反应底物NO_3^-的含量非常低，是典型的NO_3^-限制生态系统，虽然泥炭地为反硝化作用提供了良好的反应条件和场所，但是由于泥炭地本身N限制的原因，反硝化作用中最重要的反应物质硝酸盐和亚硝酸盐较为缺乏，导致泥炭地本身N_2O并不是很高[19, 59, 79, 119]，因此尽管泥炭地是一个巨大的N库，但是由于上述原因导致泥炭地不是一个明显的N_2O的源[17-22]。

泥炭地正在经历着全球变化带来的强烈影响，例如大气N沉降的增加[1, 2, 109]。人类活动导致N输入的增加会严重影响湿地生态系统N循环，产生更多的N_2O[53, 114]。以泥炭藓为主要植被类型的泥炭地通常依靠大气N输入作为其外部营养的主要来源，导致泥炭地对N沉降增加比较敏感[25, 26]，人为N添加和大气N沉降的增加可能会加速土壤N循环，刺激土壤N_2O的排放，导致泥炭地成为潜在的N_2O排放热点[27]。泥炭藓通过头状枝对大气中的N进行吸收，可以有效阻止N向土壤的淋溶[28]。据报道，泥炭藓在低水平N沉降（$0.2 \mathrm{~g~N~m^{-2} \cdot a^{-1}}$）下有助于其生长和发育[126]，但是如果N沉降的量一直增加，则会导致泥炭藓对N的吸收达到饱和，额外的N会直接进入土壤，参与N_2O生产过程，促进N_2O的排放[29-31]。Bragazza等曾报道泥炭地中N沉降的增加会促进泥炭的分解，造成泥炭地C的损失，额外的N输入除了会为产生

N_2O 的微生物提供基质以外,以 DOC 形式流失的 C 会为产生 N_2O 的微生物提供能量来源,刺激产生更多的 N_2O[125]。Gong 等的研究发现,在加拿大北部泥炭地进行两年的 N 添加实验后,N 添加显著增加了 N_2O 的排放,而增温却缓解了 N 添加对泥炭地 N_2O 排放的积极效应,他认为 N 添加引起的植物组成的变化是导致这一结果的关键因素[58]。还有一些室内实验发现,土壤反硝化速率与土壤 NO_3^- 含量之间呈正相关关系,N_2O 通量随着 NO_3^- 含量的增加而显著增加[73, 85]。Song 等在中国东北一处湿地进行短期 N 添加实验之后 N_2O 排放显著增加,他们发现 N 添加后土壤酶活性增强,土壤 C∶N 比值减少,N 的有效性和地上生物量增加,这些生物和非生物因子的改变都与 N_2O 的排放有关[122]。Chaddy 等有关热带人工泥炭地 N_2O 排放研究中发现,在高水平 N 输入下 N_2O 排放通量显著高于其他 N 水平输入(<10 g N $m^{-2} \cdot a^{-1}$)下的 N_2O 通量,这说明不同施肥梯度之间 N_2O 消耗过程的差异可以控制农业土壤中 N_2O 净排放和 N_2O 净吸收[75]。N 添加和其他环境因素的交互作用会以不同的方式影响泥炭地的 N_2O 通量。例如,全球变暖和 N 沉降会增加维管束植物的覆盖率,而苔藓植物则因此减少,这会导致泥炭土壤的分解加速,泥炭地营养元素的可利用性提高,维管植物的通气组织会为 N_2O 排放提供通道,最终导致 N_2O 通量的增加[127~130, 208]。然而,有研究指出维管植物的通气组织也会将 O_2 传输到根际周围,导致土壤含氧量升高,反硝化作用减弱,N_2O 的产生和排放受阻[209]。Gao 等通过控制水位和 N 添加的梯度研究了青藏高原高山泥炭地 N_2O 的排放特征,他们发现不同水位条件下 N 添加均会促进 N_2O 的排放[124]。Parn 等的研究发现,增温和 N 沉降可以解释土壤 N_2O 排放的 69 %,是控制各种土地利用类型土壤 N_2O 排放的关键因素[210]。Cui 等通过室内和野外实验发现,北方泥炭地在高水平 N 输入下 N_2O 会快速排放,并且和冻融过程有显著的交互作用[68, 84]。

由此可见,N 添加在泥炭地 N_2O 的产生和排放过程中扮演着重要角色,全球变化导致的大气 N 沉降增加会通过增加反硝化作用的底物,改变了生态系统植被组成,刺激土壤微生物活性,从而促进 N_2O 的产生和排放。目前国内外有关全球变化背景下山地泥炭地 N_2O 排放特征的研究还不全面,气候变化例如增温与 N 沉降的交互作用对泥炭地 N_2O 源汇功能的影响尚不清楚。我们选取了长白山哈泥泥炭地长期模拟全球变化实验样地中有关 N 添加和增温条件下 N 添加的 20 个样方,基于气体通量监测和室内实验,尝试探究全球变化背景下,长期 N 添加及其与增温的交互作用对泥炭地 N_2O 净通量的影响,以及泥炭地生物和非生物因子对长期 N 添加和增温条件下 N 添加的响应,基于前人研究,我们提出以下假设:(1) N 添加会通过增加产生

N_2O的生物化学过程中的反应底物，刺激胞外酶活性，导致N_2O排放大幅增加，并且N_2O的排放随着N添加量的增加而增加；（2）N添加和增温的交互作用会通过加速有机质的分解，促进土壤酶活性，改变泥炭地植物组成，导致有比单独N添加更强烈的N_2O排放，使泥炭地成为一个显著的N_2O的源。

5.2 材料与方法

5.2.1 实验设计

本章实验设计选自哈泥泥炭地长期模拟全球变化样地（见图2-2）中的对照处理（N0P0H0）、低水平N添加处理（N1P0H0）、低水平N添加和增温的交互处理（N1P0H1）、高水平N添加处理（N2P0H0）以及高水平N添加和增温的交互处理（N2P0H1），每个处理4个重复，共计20个样方（见图5-1）。为了行文简洁、方便阅读，在本章中N0P0H0记作CK，N1P0H0记作N1，N1P0H1记作N1H，N2P0H0记作N2，N2P0H1记作N2H。

增温是通过开顶增温棚（OTC）实现的，规格为顶部0.8 m × 0.8 m，底部1.2 m × 1.2 m，使用材料为透明聚碳酸酯（PC）板。OTC生长季平均增温幅度约为0.5 ℃。具体实验设计参照2.2.1节部分。

5.2.2 N_2O的采集及分析

野外N_2O的测量和分析采用静态箱－气相色谱法，静态箱直径为26 cm，高50 cm，材质为不透明的亚克力有机玻璃。利用气相色谱（GC system，Agilent 7980B，Santa Clara，USA）电子捕获检测器（ECD）测量并计算N_2O浓度。通过气体浓度和采样时间，建立回归方程并计算N_2O通量。具体采集和分析气体数据步骤详见2.2.2节部分。

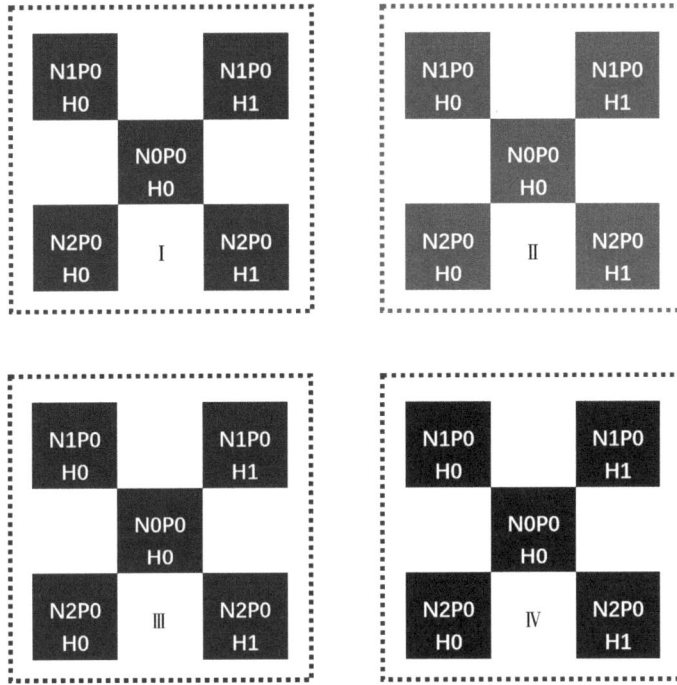

图 5-1　N 添加与增温实验设计示意图

Figure 5-1　Diagram of warming and nitrogen addition experiment design

注：N0，无 N 添加；N1，N 添加水平为 50 kg N ha^{-1}a^{-1}；N2，N 添加水平为 100 kg N ha^{-1} a^{-1}；H0，不增温；H1，增温；P0，无 P 添加。I、II、III、IV 代表 4 个重复区组。

Note：N0，no addition；N1，N addition with 50 kg N ha^{-1} a^{-1}；N2，N addition with 100 kg N ha^{-1} a^{-1}；H0，no warming；H1，warming；P0，no P addition. I，II，III，IV represent 4 blocks.

5.2.3　环境因子的监测

在监测 N_2O 通量的同时，测量每个样方的环境因子指标，包括土壤呼吸圈苔藓表层以下 5 cm 和 20 cm 处的土壤温度（T_{soil}，5 cm 和 T_{soil}，20 cm）、苔藓表层以上 20 cm 处的空气温度、土壤湿度（SM）、水位埋深（WTD），以及原位泥炭水 pH 值。具体的测量频率和方法详见 2.2.3 节部分。

5.2.4　泥炭理化性质的测定

2019 年 8 月从野外样方中采集泥炭样本并分析其理化指标，包括总氮（TN）、总碳（TC）、总磷（TP）、可溶性有机碳（DOC）。具体测定方法详见 2.2.4 节部分。

5.2.5　土壤酶活性的测定

β-D-葡萄糖苷酶（β-D-glucosidase，BDG）、N-乙酰-β-D-葡萄糖苷酶（N-acetyl-β-glucosaminidase，NAG）和磷酸酶（phosphatase，PHO）是泥炭地中常用来衡量有机碳分解的三种水解酶，分别是将纤维素水解为葡萄糖来获取C、分解几丁质获取N、催化磷酸单酯获取磷酸盐的酶，其活性强度可直接反映泥炭分解的强弱[45-47]。酚氧化酶（POX）可以将酚类物质部分氧化成简单的有机化合物，POX的活性对泥炭地有机质的积累以及缓解泥炭分解过程是非常重要的[48, 49]。本研究利用微孔板荧光法测定泥炭土壤中上述3种水解酶和1种氧化酶的活性[173]。具体测定方法详见2.2.6节部分。

5.2.6　植被调查

2019年7月末对每个样方呼吸圈内泥炭藓和维管植物的盖度进行调查，具体调查方法详见2.2.5节部分。

5.2.7　数据处理和分析

所有的数据在分析前均采用残差图法进行正态性检验，必要时对数据进行对数转换。本章通过方差分析（双因素方差分析和重复测量方差分析）、相关分析、主成分分析以及结构方程模型来分析和探究N_2O通量与各个因子之间，以及各个生物和非生物因子之间的关系。具体数据处理及分析方法详见2.2.8节部分。

5.3　结果

5.3.1　非生物因子

从表5-1中可以发现，N添加对泥炭地生物和非生物因子的影响要大于增温。N添加对非生物因子有显著影响的包括水位埋深（WTD）、DOC含量、TN、TC、N∶P和C∶N。增温对非生物因子有显著影响的包括TN和TC。N添加和增温的交互作用对WTD有显著影响。

从表5-2可以看到，N1的土壤5 cm温度显著低于其他处理，其他处理之间的土壤 5 cm 温度没有显著差异。5 个处理之间的 20 cm 土壤温度以及 pH 值之间没有显著差异。图 5-5 中，有 N 添加的处理无论增温与否，DOC 含量均显著高于对照约 30%。尽管有 N 添加的 4 个处理之间 DOC 含量没有显著差异，但是增温条件下 N 添加的两个处理 DOC 含量要略低于相应的仅 N 添加处理的 DOC 含量（见图 5-5a）。有 N 添加的处理 TN 含量要高于对照组，其中 N2、N1H 和 N2H 的 TN 含量要显著高于 CK，且 TN 含量随着 N 添加量的增加而增加（见图 5-5c）。各处理 TC 含量随 N 添加量的增加而减少，其中 CK 的 TC 含量最高，CK 和 N1H 的 TC 含量显著高于 N2 处理，单独 N 添加与相应的增温条件下 N 添加处理之间 TC 含量没有显著差异（见图 5-5d）。各个处理之间 TP 含量没有显著差异，其中 N2 和 N2H 处理的 TP 含量高于其他处理（见图 5-5e）。CK 的 C：N 显著高于其他处理，其他处理之间 C：N 没有显著差异，且随着 N 添加量的增加而减少（见图 5-5f）。N1H 处理的 N：P 显著高于 CK，其他处理之间 N：P 没有显著差异，且高水平 N 添加处理的 N：P 要略低于低水平 N 添加处理的 N：P（见图 5-5g）。

各处理间水位埋深（WTD）有较为显著的差异（见图 5-5b），其中 CK 的 WTD 最大，约 30 cm，显著高于 N1、N2 和 N2H 处理，N1 处理的 WTD 最小，约为 13 cm。图 5-3 为各处理之间生长季 WTD 的月际变化，从图中可以发现，各处理 WTD 的变化趋势大致相同，从 5 月起 WTD 逐渐变小，8 月各处理 WTD 达到最小值，9 月开始逐渐变大。

表 5-1　不同处理对哈泥泥炭地生物和非生物因子的影响（双因素方差分析）

Table 5-1　Effects of different treatments on biological and abiotic factors in Hani peatland（Two-way ANOVA）

Parameter	N addition		Warming		N addition × Warming	
	F	P	F	P	F	P
Cumulative N₂O flux	14.355	0.000***	1.289	0.276	0.076	0.786
T_{soil}, 5 cm	1.949	0.177	0.082	0.778	2.072	0.171
T_{soil}, 20 cm	2.566	0.110	0.065	0.802	1.397	0.256
WTD	17.277	0.000***	1.532	0.234	5.281	0.036**
Moisture	1.389	0.280	2.412	0.141	1.948	0.183
DOC	7.193	0.006***	1.644	0.219	0.178	0.678
pH	0.508	0.612	0.148	0.706	0.548	0.471
TN	16.149	0.000***	8.247	0.011**	0.003	0.959
TC	10.288	0.001***	3.573	0.078*	0.562	0.465

Parameter	N addition		Warming		N addition × Warming	
	F	P	F	P	F	P
TP	0.739	0.494	0.083	0.777	0.057	0.815
N∶P	6.559	0.008***	1.753	0.205	0.004	0.947
C∶N	30.658	0.000***	2.245	0.155	0.011	0.916
SC	29.726	0.000***	3.444	0.083*	6.337	0.023**
VPC	14.080	0.000***	0.241	0.631	0.327	0.575
BDG	14.109	0.000***	0.970	0.341	1.426	0.251
NAG	15.038	0.000***	0.659	0.429	6.310	0.023**
POX	3.514	0.056*	0.908	0.356	0.010	0.923
PHO	7.231	0.006***	12.040	0.003***	0.409	0.532

注：N addition，N添加；Warming，增温。Cumulative N_2O flux，累积 N_2O 通量；WTD，水位埋深；DOC，可溶性有机碳；TN，总氮；TC，总碳；TP，总磷；SC，泥炭藓盖度；VPC，维管植物盖度；BDG，β-D-葡萄糖苷酶；NAG，N-乙酰-β-D-葡萄糖苷酶；POX，酚氧化酶；PHO，磷酸酶。显著性水平：***$P<0.01$，**$P<0.05$，*$P<0.1$。

Note：WTD, water table depth；DOC, dissolved organic carbon；TN, total nitrogen；TC, total carbon；TP, total phosphorus；SC, *Sphagnum* cover；VPC, vascular plants cover；BDG, β-D-glucosidase；NAG, N-acetyl-β-glucosaminidase；POX, phenol oxidase；PHO, phosphatase. Asterisk represents a significant difference，***$P<0.01$，**$P<0.05$，*$P<0.1$.

表5-2　各个处理间土壤温度和pH值差异（平均值 ± 标准误差，$n=4$，Tukey-HSD，$P<0.05$）

Table 5-2　Difference of soil temperature and pH among different treatments（mean ± SEM，$n=4$，Tukey-HSD，$P<0.05$）

Treament	T_{soil}, 5 cm	T_{soil}, 20 cm	pH值
CK	18.25 ± 0.5[1] a	11.82 ± 0.95 [a]	6.19 ± 0.09 [a]
N1	15.15 ± 0.40 [b]	9.61 ± 0.34 [a]	6.14 ± 0.06 [a]
N2	16.53 ± 1.21 [a]	10.67 ± 0.49 [a]	6.00 ± 0.17 [a]
N1H	16.92 ± 1.15 [a]	10.55 ± 0.80 [a]	5.99 ± 0.12 [a]
N2H	15.35 ± 1.42 [a]	10.05 ± 0.37 [a]	6.05 ± 0.16 [a]

注释：CK，对照；N1，N添加量为50 kg N ha^{-1} a^{-1}；N2，N添加量为100 kg N ha^{-1} a^{-1}；N1H，N1+增温；N2H，N2+增温。

Note：CK, control；N1, N addition with 50 kg N ha^{-1} a^{-1}；N1, N addition with 100 kg N ha^{-1} a^{-1}；N1H, N1 + Warming；N2H, N2 + Warming.

表5-3　增温以及 N 添加对哈泥泥炭地2019年生长季平均 N_2O 通量的影响（重复测量方差分析）
$^*P < 0.1$，$^{**}P < 0.05$

Table 5.3　Effect of warming and N addition on mean N_2O flux in the growth season of 2019 in Hani peatland（repeated measurement ANOVA）. $^*P < 0.1$，$^{**}P < 0.05$

Treatment	df	F	P
N addition	2	4.112	0.018[**]
Warming	1	3.370	0.068[*]
N addition × Warming	2	0.415	0.661

5.3.2　N_2O 通量

通过重复测量方差分析的结果（见表5-3）可以看出，增温和 N 添加均对生长季平均 N_2O 的通量有显著影响，且 N 添加相对于增温对 N_2O 的通量影响更大，但是增温和 N 添加的交互作用对 N_2O 的通量没有显著影响。从表5-1中可以看到，N 添加显著影响了生长季累积 N_2O 通量（$P < 0.001$），但是增温以及 N 添加与增温的交互作用对 N_2O 通量没有显著影响。

从图5-2可以看出，在整个生长季，哈泥泥炭地接近于 N_2O 零排放的状态，但更像是一个 N_2O 的汇。低水平 N 添加显著促进了 N_2O 的排放（$t = 2.634$，$P = 0.09$），通量为 $67 \pm 28 \ g \ m^{-2}$，使泥炭地成为一个 N_2O 的源，而高水平 N 添加显著增强了 N_2O 的吸收（$t = 3.373$，$P = 0.04$），通量为 $-164 \pm 48 \ g \ m^{-2}$，使泥炭地成为一个 N_2O 的汇。增温条件下低水平 N 添加同样显著增强了 N_2O 的排放，（$t = 5.824$，$P = 0.02$），通量为 $131 \pm 23 \ g \ m^{-2}$，使泥炭地成为一个 N_2O 的源，增温条件下高水平 N 添加显著增强了 N_2O 的吸收（$t = 2.987$，$P = 0.09$），通量为 $-124 \pm 72 \ g \ m^{-2}$，使泥炭地成为一个 N_2O 的汇。5个处理间，CK 与 N1H 处理之间 N_2O 通量有边际差异（$P = 0.11$），N1 与 N2 处理、N2H 处理之间 N_2O 通量有显著差异（显著性水平分别为 $P = 0.01$ 和 $P = 0.06$），N2 和 N1H 处理之间 N_2O 通量有显著差异（$P = 0.003$），N1H 和 N2H 之间 N_2O 通量有显著差异（$P = 0.01$）。

各处理间生长季 N_2O 通量月际动态如图5-4所示。各处理在生长季前期，即5—7月，N_2O 排放均不明显，且 N2 处理整个生长季均处于 N_2O 吸收状态。在8月，所有处理均有显著的排放或者吸收现象，其中 N1 和 N1H 处理达到了生长季排放顶峰，N_2O 通量分别为 $106 \pm 45 \ mg \ m^{-2} \ h^{-1}$ 和 $64 \pm 44 \ mg \ m^{-2} \ h^{-1}$，且 N1 显著高于 CK，使泥炭地成为 N_2O 的源。N2 和 N2H 处理在8月达到了生长季吸收顶峰，N_2O 通量分别为 $-149 \pm 69 \ mg \ m^{-2} \ h^{-1}$ 和 $-178 \pm 49 \ mg \ m^{-2} \ h^{-1}$，二者 N_2O 通量均与"0"有显著差异（显著性水平均 $P < 0.1$），使泥炭地成为 N_2O 的汇，且 N_2O 源处理（N1 和 N1H）与 N_2O 汇处理（N2 和 N2H）之间有显著差异（Turkey 多重比较，$P < 0.01$）。在最后两次测量中，N2H 有较为明显的 N_2O 排放，尽管在统计学上没有显著性。

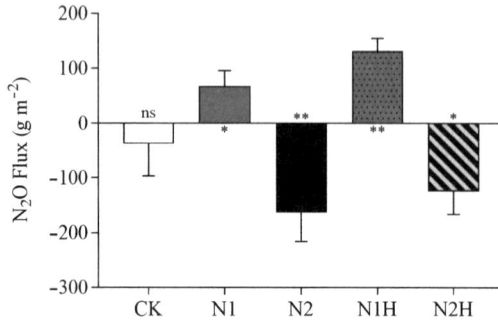

图 5-2　哈泥泥炭地 2019 年生长季累积 N_2O 通量（平均值 ± 标准误差，$n = 4$）

Figure 5-2　Cumulative N_2O fluxes（mean ± SEM，$n = 4$）in Hani peatland in the growing season of 2019

注：CK，对照；N1，N 添加水平为 50 kg N ha^{-1} a^{-1}；N2，N 添加水平为 100 kg N ha^{-1} a^{-1}；N1H，N1+增温；N2H，N2+增温。星号代表 N_2O 通量与 0 的显著差异。$^*P < 0.1$；$^{**}P < 0.05$；ns，没有显著差异。

Note：CK，control；N1，N addition with 50 kg N ha^{-1} a^{-1}；N2，N addition with 100 kg N ha^{-1} a^{-1}；N1H，N1 + warming；N2H，N2 + warming. Asterisks denote N_2O flux significantly different from zero. $^*P < 0.1$；$^{**}P < 0.05$；ns，no significant difference.

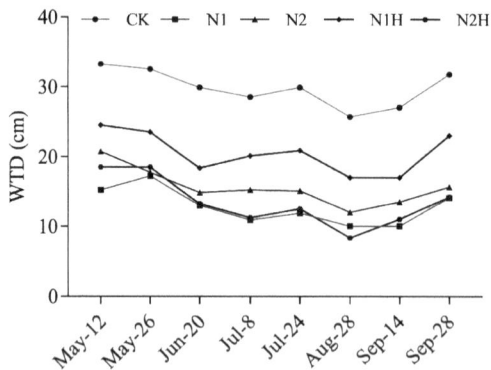

图 5-3　2019 年哈泥泥炭地水位埋深（WTD）月动态（平均值 ± 标准误差，$n = 4$）

Figure 5-3　Temporal variation of WTD in Hani peatland in 2019（mean ± SEM，$n = 4$）

注：CK，对照；N1，N 添加水平为 50 kg N ha^{-1} a^{-1}；N2，N 添加水平为 100 kg N ha^{-1} a^{-1}；N1H，N1+增温；N2H，N2+增温。

Note：Figure 5.3 CK，control；N1，N addition with 50 kg N ha^{-1} a^{-1}；N2，N addition with 100 kg N ha^{-1} a^{-1}；N1H，N1 + warming；N2H，N2 + warming.

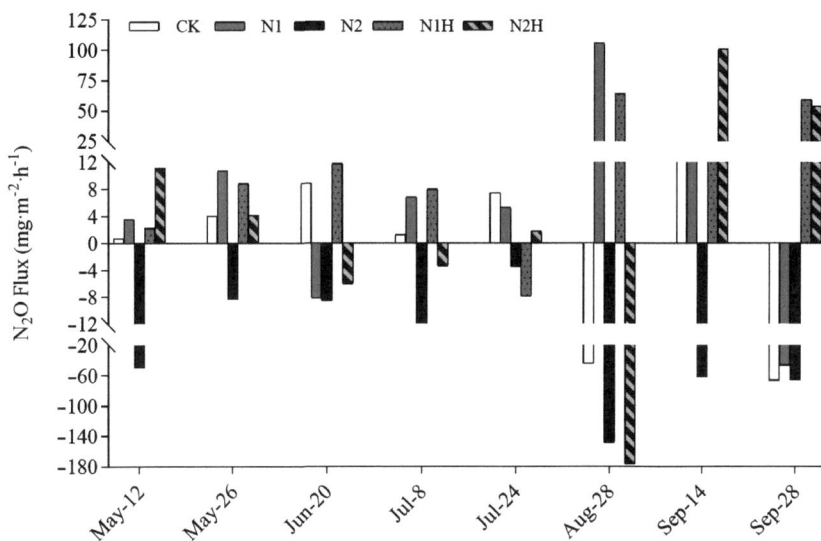

图 5-4　哈泥泥炭地 2019 年生长季 N₂O 通量月际变化（平均值 ± 标准误差，$n = 4$）

Figure 5-4　Temporal variation of N₂O flux of growing season in Hani peatland in 2019
（Mean ± SEM，$n = 4$）

注：CK，对照；N1，N 添加水平为 50 kg N ha⁻¹ a⁻¹；N2，N 添加水平为 100 kg N ha⁻¹ a⁻¹；N1H，N1+增温；N2H，N2+增温。

Note：CK，control；N1，N addition with 50 kg N ha⁻¹ a⁻¹；N2，N addition with 100 kg N ha⁻¹ a⁻¹；N1H，N1 + warming；N2H，N2 + warming.

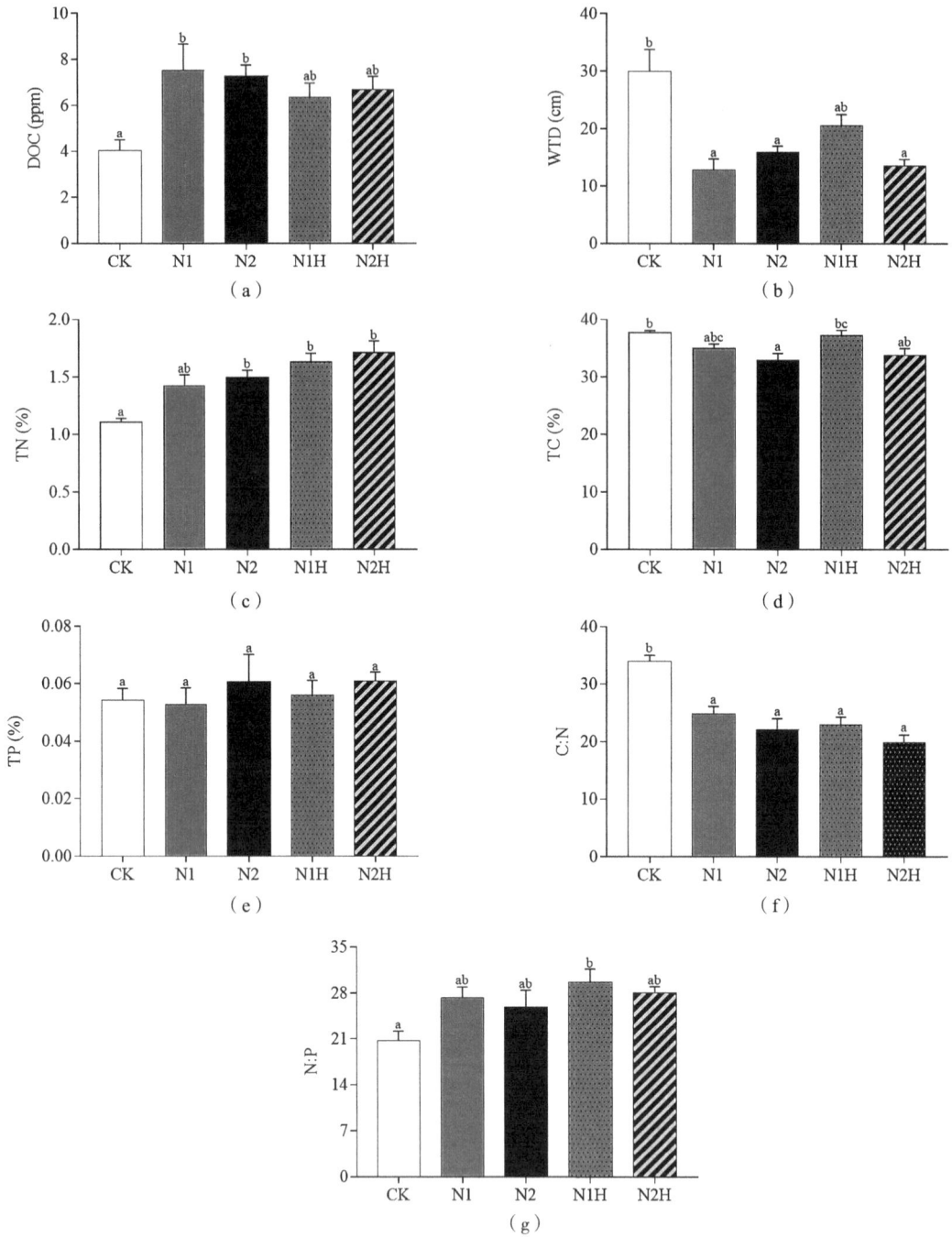

图 5-5 哈泥泥炭地 2019 年生长季 N 添加处理及增温条件下 N 添加对非生物因子的影响（平均值 ± 标准误差，$n=4$）。（a）DOC；（b）WTD；（c）TN；（d）TC；（e）TP；（f）C：N；（g）N：P

Figure 5-5 Abiotic factors among the different treatments in Hani peatland in 2019（mean ± SEM, $n=4$）.（a）DOC；（b）WTD；（c）TN；（d）TC；（e）TP；（f）C：N；（g）N：P

注：CK，对照；N1，N 添加水平为 50 kg N ha⁻¹ a⁻¹；N2，N 添加水平为 100 kg N ha⁻¹ a⁻¹；N1H，N1 + 增温；N2H，N2 + 增温。WTD，水位埋深；DOC，可溶性有机碳；TC，总碳；TN，总氮；TP，总磷。不同的小写字母代表具有显著差异（$P < 0.05$）。

Note: CK, control; N1, N addition with 50 kg N ha⁻¹ a⁻¹; N2, N addition with 100 kg N ha⁻¹ a⁻¹; N1H, N1 + warming; N2H, N2 + warming. WTD, water table depth; DOC, dissolved organic carbon; TC, total carbon; TN, total nitrogen; TP, total phosphorus. Different lowercase letters represent significant differences（$P < 0.05$）between the treatments.

5.3.3 植被变化

N 添加显著影响了泥炭藓盖度（SC）和维管植物盖度（VPC），增温以及增温条件下 N 添加对泥炭藓盖度有显著影响（见表 5-1），对维管植物盖度没有显著影响。从生长季植被盖度的变化（见图 5-6）中可以看出，各个处理的泥炭藓盖度大小依次是 CK > N1 > N2H > N2 > N1H，泥炭藓盖度随着 N 添加水平的增加而降低，其中 CK 显著大于其他处理，N1 处理泥炭藓盖度显著高于 N1H（$P < 0.05$）。增温条件下 N 添加不符合上述规律，N2H 处理的泥炭藓盖度大于 N1H 处理。CK 与两个高水平 N 添加的处理维管植物盖度之间没有显著差异，低水平 N 添加显著促进了维管植物的生长，N1 和 N1H 处理的维管植物的盖度显著大于 CK 和高水平 N 添加的两个处理。CK 的总盖度最大，且显著大于 N2 和 N2H，低水平 N 添加并没有显著降低总盖度。

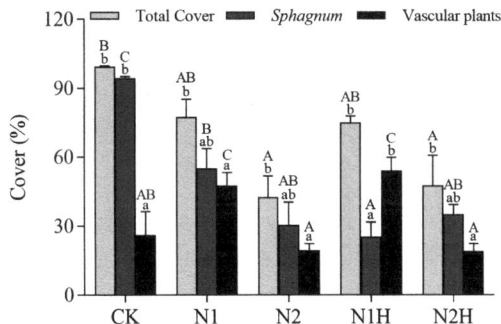

图 5-6　植物盖度（平均值 ± 标准误差，$n = 4$）

Figure 5-6　Plant cover（mean ± SEM, $n = 4$）

注：CK，对照；N1，N 添加水平为 50 kg N ha⁻¹ a⁻¹；N2，N 添加水平为 100 kg N ha⁻¹ a⁻¹；N1H，N1 + 增温；N2H，N2 + 增温。VPC，维管植物盖度；*Sphagnum*，泥炭藓盖度；Total Cover，总盖度。不同的大写字母代表同一植物盖度不同处理间的显著差异，不同的小写字母代表同一处理下不同植物盖度间的显著差异。$P < 0.05$。

Note: CK, control; N1, N addition with 50 kg N ha⁻¹ a⁻¹; N2, N addition with 100 kg N ha⁻¹ a⁻¹; N1H, N1 + warming; N2H, N2 + warming. Different capital letters represent significant differences between different treatments of the same plant cover, and different lower case letters represent significant differences between different plants under the same treatment. $P < 0.05$.

5.3.4　土壤酶活性

N添加显著促进了BDG和NAG活性（见图5-7a、图5-7b），且活性随着N添加量的增加而增加，但是增温条件下不同水平N添加的BDG活性没有显著变化；增温条件下低水平N添加有比单独的低水平N添加更高的NAG活性，但是N2H的NAG活性低于N1H。各处理之间POX活性没有显著差异（见图5-7c），但是可以发现N添加以及增温条件下N添加对POX活性有积极的刺激作用。PHO活性随着N添加量的增加而增加，但是单独N添加没有显著刺激PHO活性，增温条件下不同水平N添加显著促进了PHO活性，与相应的单独N添加处理的PHO活性没有显著差异。

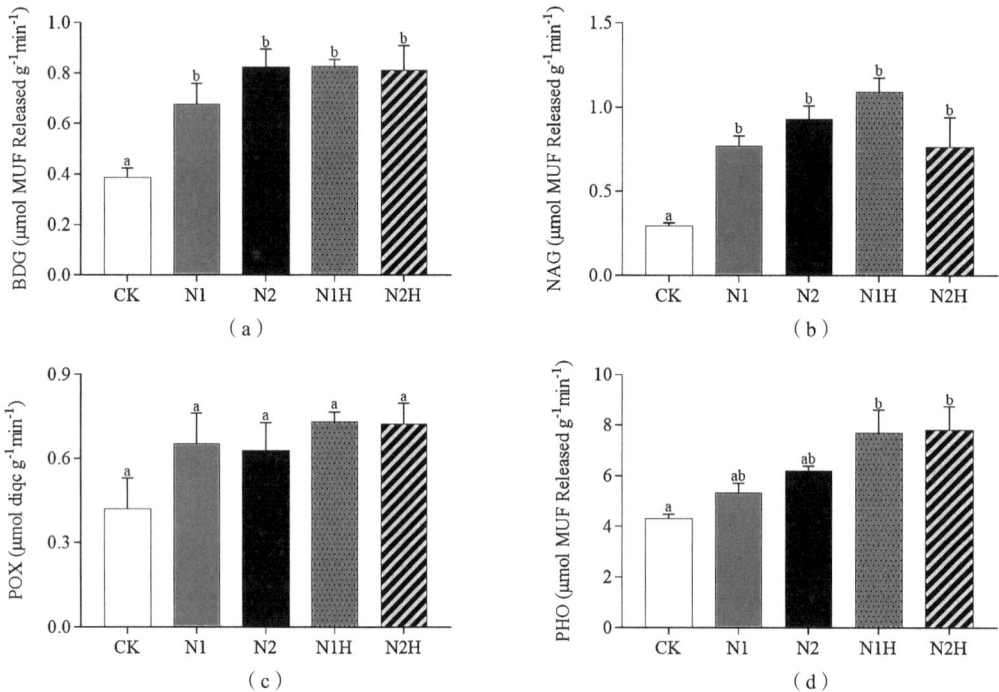

图5-7　土壤酶活性（平均值 ± 标准误差，$n=4$）。（a）BDG；（b）NAG；（c）POX；（d）PHO

Figure 5-7　Soil enzyme activities（mean ± SEM, $n=4$）.（a）BDG；（b）NAG；（c）POX；（d）PHO

注：CK，对照；N1，N添加水平为50 kg N ha^{-1} a^{-1}；N2，N添加水平为100 kg N ha^{-1} a^{-1}；N1H，N1 + 增温；N2H，N2 + 增温。BDG，β-D-葡萄糖苷酶；NAG，N-乙酰-β-D-葡萄糖苷酶；POX，酚氧化酶；PHO，磷酸酶。不同的小写字母代表处理间具有显著差异。$P < 0.05$。

Note：CK，control；N1，N addition with 50 kg N ha^{-1} a^{-1}；N2，N addition with 100 kg N ha^{-1} a^{-1}；N1H，N1 + warming；N2H，N2 + warming. BDG，β-D-glucosidase；NAG，N-acetyl-β-glucosaminidase，POX，phenol oxidase，PHO，phosphatase. Different lowercase letters represent significant differences between treatments. $P < 0.05$.

表5-4　N添加及其与增温的共同作用下哈尼泥炭地生物和非生物因子间的相关关系

Table 5-4　Correlation analysis between biological and abiotic factors under N addition and co-effect of N addition and warming in Hani peatland

	Flux	DOC	TP	TN	TC	SC	VPC	TCov	WTD	C∶N	N∶P	pH	BDG	NAG	POX	PHO
Flux																
DOC	0.116															
TP	−0.391	−0.26														
TN	−0.152	0.178	0.509**													
TC	0.529**	−0.447**	−0.277	−0.327												
SC	0.114	−0.525**	−0.374	−0.748***	0.446**											
VPC	0.714***	0.037	0.031	0.112	0.268	−0.097										
TCov	0.577**	−0.42*	−0.432*	−0.562**	0.728***	0.766***	0.314									
WTD	−0.017	−0.583***	−0.296	−0.548**	0.564***	0.576***	−0.239	0.559**								
C∶N	0.293	−0.356	−0.499**	−0.93***	0.615***	0.822***	−0.029	0.742***	0.674***							
N∶P	0.23	0.487**	−0.483**	0.457**	−0.041	−0.369	0.055	−0.159	−0.221	−0.425*						
pH	0.046	−0.215	0.01	−0.178	0.161	0.354	0.035	0.291	0.21	0.191	−0.181					
BDG	−0.236	0.304	0.36	0.712***	−0.331	−0.801***	0.095	−0.657***	−0.587***	−0.77***	0.395*	−0.327				
NAG	0.186	0.337	0.12	0.673***	−0.273	−0.735***	0.251	−0.461**	−0.419*	−0.674***	0.585***	−0.432*	0.624***			
POX	−0.006	0.125	0.489**	0.664***	−0.083	−0.509**	0.306	−0.361	−0.494**	−0.61**	0.241	0.353	0.585**	0.365		
PHO	0.014	0.296	0.244	0.767***	−0.247	−0.667***	0.22	−0.432*	−0.431*	−0.689***	0.428*	−0.278	0.479**	0.56**	0.456**	

注释：WTD，水位埋深；DOC，可溶性有机碳；TN，总氮；TC，总碳；TP，总磷；SC，泥炭藓盖度；TCov，总盖度；VPC，维管植物盖度；BDG，β–D–葡萄糖苷酶；NAG，N–乙酰–β–D–葡萄糖苷酶；POX，酚氧化酶；PHO，磷酸酶。显著性水平：***$P < 0.01$，**$P < 0.05$，*$P < 0.1$。

Note: WTD, water table depth; DOC, dissolved organic carbon; TN, total nitrogen; TC, total carbon; TP, total phosphorus; SC, *Sphagnum* cover; VPC, vascular plants cover; TCov, total cover; BDG, β–D–glucosidase; NAG, N–acetyl–β–D–glucosaminidase; POX, phenol oxidase; PHO, phosphatase. ***$P < 0.01$, **$P < 0.05$, *$P < 0.1$.

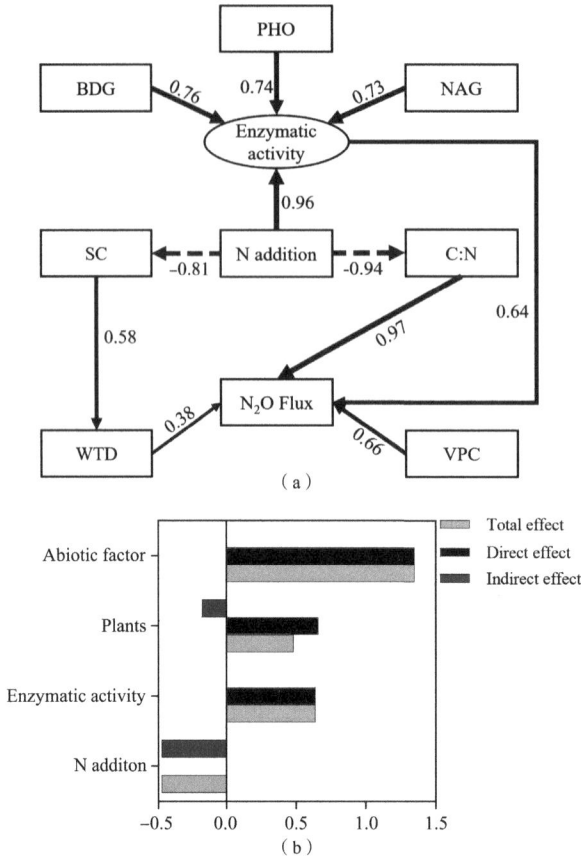

图 5-8 （a）结构方程模型（Chi-square = 0.217，CFI = 0.863，TLI = 0.901，AIC = 602.39，BIC = 687.38，RMSEA = 0.096，SRMR = 0.098）；（b）效应模型

Figure 5-8 （a）Structural equation model between P addition and parameters
（Chi-square = 0.382, CFI = 0.863, TLI = 0.912, AIC = 732.11, BIC = 752.01, RMSEA = 0.091, SRMR = 0.078）；（b）Effect model

注：实线箭头表示正相关性，虚线箭头表示负相关性，箭头上的数字代表标准化后的参数估计值。DOC，可溶性有机碳；VPC，维管植物盖度；SC，泥炭藓盖度；WTD，水位埋深；TN，总氮；BDG，β–D–葡萄糖苷酶；NAG，N–乙酰–β–D–氨基葡萄糖苷酶；POX，酚氧化酶；PHO，磷酸酶；Total effect，总效应；Direct effect，直接效应；Indirect effect，间接效应；Abiotic factor，非生物因子；Plants，植物；Enzymatic activity，酶活性。

Note: The solid arrow represents positive correlation and the dashed arrow represents negative correlation, the numbers on the arrows represent the standardized parameter estimates. DOC, dissolved organic carbon; VPC, vascular plant cover; SC, *Sphagnum* cover; WTD, water table depth; TN, total, nitrogen; BDG, β–D–glucosidase; NAG, N–acetyl–β–glucosaminidase; POX, phenol oxidase; PHO, phosphatase.

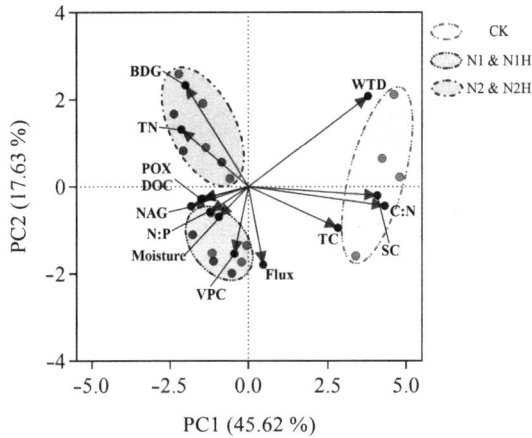

图 5-9 主成分分析

Figure 5-9 Principal component analysis

注：Flux，N₂O 通量；DOC，可溶性有机碳；TP，总磷；TN，总氮；WTD，水位埋深；VPC，维管植物盖度；SC，泥炭藓盖度；BDG，β-D-葡萄糖苷酶；NAG，N-乙酰-β-D-葡萄糖苷酶；POX，酚氧化酶。

Note：DOC，dissolvd organic carbon；TP，total phosphorus；TN，total nitrogen；WTD，water table depth；VPC，vascular plant cover；SC，*Sphagnum* cover；BDG，β-D-glucosidase；NAG，N-acetyl-β-glucosaminidase，POX，phenol oxidase.

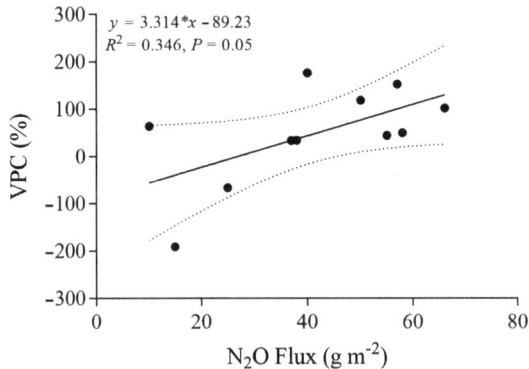

图 5-10 单独低水平 N 添加下 N₂O 通量与维管植物盖度间的关系

Figure 5-10 Correlation between N₂O flux and vascular plant cover under low-level N addition singly

5.3.5 生物因子和非生物因子间的关系

表5-4体现了各个因子之间的相关关系，从左向右依次为，N₂O通量与植被总盖度、TC 含量以及维管植物盖度之间有显著的正相关关系。DOC 含量与 TC，维管植物盖度、总盖度以及WTD 之间呈显著负相关关系。TP 含量与TN 含量、POX 活

性呈显著正相关关系，与总盖度、C∶N以及N∶P呈显著负相关关系。TN含量与泥炭藓盖度、总盖度、WTD、C∶N呈显著负相关关系，与N∶P以及四种酶活性呈显著正相关关系。TC含量与泥炭藓盖度、总盖度、WTD、C∶N呈显著正相关关系。泥炭藓盖度与总盖度、WTD、C∶N呈显著正相关关系，与四种酶活性呈显著负相关关系。总盖度与WTD呈显著正相关关系，与四种酶活性呈显著负相关关系。WTD与C∶N呈显著正相关关系，与四种酶活性呈显著负相关关系。C∶N与N∶P以及四种酶活性呈显著负相关关系。N∶P与BDG、NAG以及PHO活性呈显著正相关关系。pH值与NAG活性呈显著负相关关系。BDG活性与其他三种酶活性呈显著正相关关系。NAG活性与PHO活性呈显著正相关关系。POX与PHO活性呈显著正相关关系。

主成分分析中（见图5-9），PC1的方差百分比达到了45.62%，PC2的方差百分比达到了17.63%，PC1和PC2的累计方差百分比达到了63.25%。CK处理、低水平N添加处理（N1和N1H）以及高水平N添加处理（N2和N2H）之间呈现出明显的分组，且不同水平N添加处理所影响的生物和非生物因子也有所不同。值得注意的是，低水平N添加与维管植物盖度有较高的相关性，且N_2O通量与维管植物盖度之间同样具有较高的相关性。

5.4　讨论

5.4.1　N添加与泥炭地N_2O的源汇功能

不同水平N添加对泥炭地N_2O通量有着不同的甚至是完全相反的影响，低水平N添加显著刺激了泥炭地N_2O的排放，使泥炭地成为N_2O的源，而高水平N添加显著刺激了泥炭地N_2O的吸收，使泥炭地成为N_2O的汇，这与我们的第一条假设有所不符。首先，就低水平N添加促进泥炭地N_2O排放而言，正如我们在第3章中所描述的，哈泥泥炭地是一个由富营养向贫营养过渡的泥炭地类型，在天然状态下，泥炭地由于长期低温、酸性和淹水的环境条件，以及植物凋落物耐分解的因素导致其表现为一个N限制的生态系统[19, 59, 79, 119]，因此产生N_2O的生物化学过程由于缺乏反应底物，导致N_2O排放非常低，甚至表现出弱N_2O的汇[22, 59, 73, 174]。当有额外的N输入时，反硝化作用将会得到充足的底物来源，导致N_2O排放增加。Zhang等的研究发现，当有额外的 N 输入时，会增加土壤中的有效 N 组分，从而增加 N_2O 的排放，且 N_2O 的排放会随着 N 输入量的增加而增加[211]。Xie 等的研究发现，N 添加对土壤中微生物群落以及丰度有显著而强烈的影响，最终导致土壤 N_2O 排放增加，但是增温对微生物群落大小的影响相对较弱[212]。结构方程模型（见图 5-8）以及图 5-5c 中，N 添加之后 TN 含量显著提高，这也可以说明 N 添加增加了土壤中可利用的 N 含量。除了底物有效性的增加以外，N 添加还会刺激土壤酶活性，导致有机质以及泥炭分解加剧，这将会为产生 N_2O 的微生物提供更多的有效 C 底物作为其能量来源，以及更多的可利用 N、P 底物，从而促进反硝化作用，产生更多的 N_2O[125, 126, 213]。从图 5-5a 中可以发现，单独 N 添加之后，土壤中 DOC 含量相较于 CK 显著增加（$P < 0.05$）。表 5-4 中，BDG 和 NAG 活性与 DOC 含量呈正相关关系，与 C：N 显著负相关，与 N：P 显著正相关，且 CK 的这两种酶活性均很低，在 N1 和 N2 的活性均很高（见图 5-7a、图 5-7b），表明泥炭地中由于 N 素的缺乏，导致这两种酶的合成受阻[180]，而养分条件不再受到限制时，这两种水解酶活性显著增加。POX 的活性可以反映土壤的营养状况，它在土壤 N 含量较低时活性往往较低[214]，低 POX 活性引起的多酚累积将会抑制水解酶的活性[49]，从而减缓泥炭的分解，限制 N_2O 产生过程的底物来源。图 5-7c 中，POX 的活性表现出随着 N 的添加而活性增加的趋势，POX 活性的提高将刺激水解酶活性，导致分解加剧[149]。图 5-8 中，N 添加显著增加了四种胞外酶活性，而且 TN 含量与这四种胞外酶活性呈显著正相关关系（见表 5-4）。主成分分析中（见图 5-9），低水平 N 添加处理下，N_2O 通量、DOC 含量、NAG 活性、POX 活性以及 N：P 之间呈现出正相关关系。以上结果均可以证明在 N 添加之后，土壤微生物胞外酶活性显著增加，导致泥炭的分解加速，产生 N_2O 的生物化学过程不再受底物限制，N_2O 排放加剧。Yang 等的研究发现，长期 N 添加会增加反硝化作用的潜力，这是因为 N 添加会增加相关功能基因的丰度和活性，导致 N_2O 排放增加[215]。Wang 等的研究发现，N 添加会促进森林土壤中相关的微生物活性和酶活性，从而刺激 N_2O 的排放[216]，这均与本研究结果相似。

其次，长期高水平 N 添加并没有显著增加泥炭地的 N_2O 排放，反而增加了 N_2O 的吸收，表现出与长期低水平 N 添加完全相反的特征。我们认为 N1 具有更高的生长季排放除了底物限制被解除，可能还与植物组成有关，而 N2 具有更强的吸收则是因为强烈的厌氧条件促使了反硝化作用中 N_2O 被还原为 N_2，增加了 N_2O 的吸收。我们从植被盖度图中（见图 5-6）可以证实以上观点，N1 的维管植物盖度显著高于N2，这表明低水平 N 添加有助于维管植物的生长，维管植物的通气组织有助于深层

的 N_2O 排放到大气 [41, 107, 155]，相关分析（见表5-4、图5-10）和主成分分析（见图5-9）中我们均发现低水平 N 添加下，N_2O 通量与维管植物盖度呈正相关关系，这均可以说明上述观点。高水平 N 添加的两个处理无论是泥炭藓盖度还是维管植物盖度相较于没有施 N 的处理都是比较低的，尤其泥炭藓盖度显著低于 CK，这是由于长期高水平的 N 输入会对泥炭藓和灌木产生毒害作用。泥炭藓由于其头状枝对 N 的吸收达到饱和，额外的 N 添加会对泥炭藓产生毒害作用，导致泥炭藓死亡 [129, 217]。Zeng 等和 Gunnarsson 的研究中，都曾报道高水平 N 输入会降低泥炭藓对 N 的持留能力、传输能力和耐受能力，造成致毒效应 [26, 218]，而且维管植物的减少，会影响泥炭深层产生的 N_2O 向大气的散逸，导致 N2 和 N2H 处理整个生长季没有很强的 N_2O 排放能力（见图5-2）[41]。泥炭藓盖度和 TN 呈现出显著负相关关系（见表5-4、图5-8）也证实了我们的观察结果。Leeson 等有关长期（13年）模拟 N 沉降对 N_2O 排放的影响研究中发现，长期 N 输入会减少 N_2O 的排放，这可能与植被组成有关，这与本研究结果相似 [219]。土壤中的水分条件是决定土壤 N_2O 排放和吸收的关键环境因子，较高的水位导致的土壤厌氧环境的加剧会促使 N_2O 的吸收 [59, 220]。正如上文所提到的，长期高水平 N 添加会加速泥炭藓的死亡，导致藓丘高度下降，而长期高水平 N 添加导致的泥炭分解同样会加剧地表沉降，与本研究相似，加拿大 Mer Bleue 泥炭地在经历10年的 N 沉降实验后同样发现泥炭表层下沉 [130]，这会导致 WTD 被动变小，土壤淹水条件加剧，从而有利于反硝化作用的发生，促进土壤对 N_2O 的吸收 [60, 85]。我们发现 N1 处理排放 N_2O 的量要低于 N2 处理吸收 N_2O 的量，N2 处理中土壤胞外酶活性更高，土壤中 N 的有效性更高，因此 N2 处理的反硝化作用应强于 N1 处理，而且由于 N2 的 WTD 很小，淹水环境更有利于 N_2O 的吸收，但是由于维管植物盖度的差异，尽管 N1 的 WTD 和 N2 没有显著差异，但是土壤深层 N_2O 排放能力高于 N2。

土壤 DOC 含量也可能会导致不同水平 N 添加对泥炭地 N_2O 通量完全不同的影响。一项研究表明，土壤 DOC 的增加不仅会增加土壤 N_2O 的排放，同样会增加土壤对 N_2O 的吸收 [221]。N 添加增加了土壤 N 的可利用性，为产生 N_2O 的过程提供底物来源，且由于 N 添加导致的 DOC 的增加为反硝化微生物提供了 C 源 [126, 149, 178]，这会刺激 N_2O 的排放，但是泥炭地中较小的 WTD 又会促使反硝化作用吸收 N_2O 作为反应中的电子受体 [59]，导致 N_2O 吸收增加。

5.4.2 N 添加与增温的共同作用与泥炭地 N_2O 的源汇功能

在第 3 章中我们阐述了增温对泥炭地 N_2O 排放的积极效应，我们认为增温条件会放大 N 添加对 N_2O 通量的正效应[210, 222]。增温会刺激微生物和胞外酶活性，这会加速泥炭的分解，增加土壤中养分的可利用性，增加可供反硝化微生物使用的底物浓度，最终导致 N_2O 排放增加[99, 100]，这与我们的第二条假设部分相符。由于增温对 N_2O 产生和排放的积极效应，我们发现 N1H 处理 N_2O 通量要大于 N1 处理，尽管不显著，但 N2H 吸收 N_2O 的强度同样小于 N2 处理，有 N_2O 排放的趋势。主成分分析中，各个处理以及生物和非生物因子通过不同 N 添加水平（CK 代表没有 N 添加即 N0）被分为不同的组别，这说明增温相较于 N 添加对泥炭地 N_2O 通量以及其他生物和非生物因子的影响较小。Zhang 等的研究发现，增温相较于 N 添加对青藏高原土壤 N_2O 排放的影响较小[222]。Gong 等的研究发现，增温没有促进 N 添加对北方泥炭地 N_2O 排放的积极效应，N 添加对 N_2O 排放的影响占主导作用[58]。综上所述，增温在 N 添加条件下依然对泥炭地 N_2O 排放起着不可忽视的、积极的促进作用，只是相较于 N 添加，其作用的效果略弱。

5.4.3 泥炭地 N_2O 通量的月际动态

N_2O 通量月际动态显示（见图 5-3），各个处理因为季节不同，N_2O 排放特征也有所不同。N_2O 通量的月季变化基本与水位埋深的月季变化吻合（见图 5-3、图 5-4），生长季前中期（5、6、7 月）各个处理的水位埋深均比较大，泥炭地处于较为干旱的状态，因此各个处理的 N_2O 通量基本没有排放，正如我们在上文中所提到的，较低的土壤水分条件会抑制反硝化作用的发生，N_2O 排放受阻[85]。在 8 月各处理水位埋深达到了最小，水位最高，泥炭地淹水状态最为严重，与之对应的 N_2O 通量变化也最为明显，各个处理在此时表现出的 N_2O 源汇功能最为强烈；在生长季末期，水位埋深逐渐变大，淹水状态得到缓解，N_2O 通量也逐渐升高，这可能会出现前期产生的 N_2O 延期（time-lag）排放效应，Zhu 等的研究中发现 CH_4 会因为水位埋深的突然变小而产生延迟排放的特征[223]，本研究中延迟排放原因可能与上述观点相似。水位的上升意味着更多受环境影响强烈的靠近泥炭顶层的土壤被水浸润，从而参与了 N_2O 的排放和吸收，而生长季末期水位的再次降低，N_2O 通量相应变小。Li 等的室内试验发现，顶部 20 cm 泥炭土壤 BDG 和 NAG 的活性较高[150]，Burgin 和 Groffman 的研究发现，含水量高的湿地土壤反硝化速率很高，这和本研究结果相似[21]。Martikainen等、Kachenchart等的研究中发现，当水位埋深变大时，更有利于 N_2O 的排放[18, 224]。以上结果可以充分证明，在泥炭地中水位埋深的季节性变化控制着泥炭地 N_2O 源汇功能的季节性转变。

5.5　本章小结

N作为产生 N_2O 的生物化学过程中的反应底物，其浓度大小将直接影响土壤 N_2O 的排放程度。本研究通过长期模拟增温和N添加处理，观测了哈泥泥炭地 N_2O 在模拟环境变化下的排放特征、各个生物和非生物因子对环境变化的响应以及对 N_2O 通量的影响。我们的研究发现，低水平N添加及其与增温的交互作用通过改变泥炭地植被类型，刺激胞外酶活性，加速泥炭的分解，提供可利用的C、N底物，导致 N_2O 排放显著增加，使泥炭地成为一个 N_2O 的源，而高水平N添加及其与增温的交互作用虽然具有与低水平N添加对泥炭地 N_2O 排放相同的积极效应，但是由于受到水分条件和植被组成的限制，导致生长季 N_2O 通量表现出强烈的吸收效应，使泥炭地成为一个显著的 N_2O 的汇。此外，泥炭地 N_2O 通量季节变化明显，而水位埋深的季节性变化是导致这些变化的关键环境因素。我们的研究表明，长期全球变化特别是N沉降可能强烈影响泥炭地的 N_2O 的通量，甚至改变泥炭地的源汇功能，而其作用可能是通过影响水文或植被来间接实现的。

6 长期氮、磷共同添加对泥炭地环境与 N_2O 通量的影响

6.1　引言

氮（N）和磷（P）是组成生物的最基本的元素，在地球生物化学循环中起着非常重要的作用[225, 226]。据统计，全球陆地土壤中有18 %的面积受到N限制，而受到P限制的陆地土壤面积达到了43 %[53, 147]。随着人类活动的不断增加，例如燃料的燃烧和人为N添加的加剧，导致近几十年大气N沉降增加了约60 %，而在中国，2018年大气N沉降量已经达到了约20 kg N ha^{-1} a^{-1}，并且这个数字还在不断增加[227, 228]。泥炭地由于长期处于低温、淹水以及酸性的环境条件，导致其往往表现出对营养元素N和P的限制[14, 229]。因此，全球变化引起的N沉降的加剧会解除泥炭地N限制，刺激微生物的生长，促进胞外酶活性，从而加速泥炭的分解，降低泥炭地C∶N，增加土壤C、N、P的可利用性，最终导致N$_2$O的排放显著增加[112, 114, 149, 230–232]。Cao等的研究发现，长期N添加对泥炭地微生物群落有显著的刺激作用，但是长期P添加对微生物群落组成以及大小没有明显的作用[233]，微生物活性的增加将会刺激N$_2$O的产生[218]。Gong等的研究发现，加拿大北方泥炭地在短期N添加之后，N$_2$O排放显著增加，他们认为贫营养泥炭地中N的可利用性增加是泥炭地N$_2$O排放增加的关键[58, 138]。Yin等的研究指出，泥炭地在高水平N输入下土壤N$_2$O排放通量显著高于低水平N输入下的N$_2$O通量[75]。

大气P沉降是生态系统P输入的重要组成部分[228]，而P是陆地生态系统中最为有限的营养物质之一，其含量限制了生态系统初级生产力的大小[234]。以泥炭藓/维管植物为主要植物类型的山地泥炭地易受到N和P的限制，导致微生物和胞外酶活性对外源P输入非常敏感[235, 236]。有研究发现，N沉降的增加会刺激微生物和胞外酶活性，这会刺激微生物对泥炭的分解，从而加剧P的矿化，导致土壤中P的可用性增加[237]。Wang等的研究发现，泥炭地中凋落物的增加会导致土壤表层总磷（TP）含量增加[238]，而土壤P可用性的增加会促进反硝化微生物的活性，将大大加剧泥炭地气态N损失的风险。Li等的研究发现在北方泥炭地，短期的N、P添加对微生物分解有机质没有显著的促进作用，但是长期N、P添加（10年）导致维管植物的扩张会给土壤微生物带来高品质的凋落物输入，这会刺激微生物对有机质的分解，导致土壤C损失加剧[239]，将会为产生N$_2$O的生物过程提供高品质的底物来源以及可利用的C源，导致N$_2$O的排放增加[178]。Lu等的研究发现，长期P添加严重削弱了北方泥炭地的C汇能力，以DOC形式流失的C会为反硝化作用提供C源从而提高N$_2$O的产生能力[127]。在N限制的生态系统中大量N输入可以补充N素的不足，提高植物的生产力[151]，但当N输入超过一定阈值时，会使生态系统更易受P的限制[152, 153, 240]。曾有研究报道，泥炭地由于植被组成和环境条件的特殊性，导致其处于P限制的状态[235, 240]，而N沉降的增加会加速厌氧层泥炭的分解，引起泥炭中可利用P浓度的增加，导致维管植物的增多[24]，维管植物的通气组织能够为深层泥炭产生的N$_2$O提供排放通路，最终导致泥炭地N$_2$O通量增加[41, 154−156]。

综上所述，目前对于长期N、P添加的交互作用对北方山地泥炭地N$_2$O通量的影响，以及泥炭地生物和非生物因子对于长期N、P添加的交互作用的响应还不清楚。本研究选取了长白山哈泥泥炭地长期模拟全球变化实验样地中有关不同水平N、P共同添加的20个样方，基于气体通量监测和室内实验，尝试探究全球变化背景下N、P添加的交互作用对泥炭地N$_2$O净通量的影响，以及泥炭地N$_2$O排放特征对生物和非生物因子改变的响应。基于此，我们提出以下假设：（1）长期N、P共同添加会显著增加土壤中的可利用N、P底物浓度，刺激土壤酶活性，加速泥炭的分解，从而促进产生N$_2$O的生物化学过程，导致N$_2$O排放显著增加；（2）N$_2$O排放会随着N、P添加量的增加而增加，使泥炭地成为显著的N$_2$O的源；（3）长期N、P添加会改变泥炭地植物组成，提高泥炭地凋落物输入的品质和数量，为产生N$_2$O的生物过程提供高品质的底物来源，从而促进土壤N$_2$O的排放。

6.2　材料与方法

6.2.1　实验设计

本章实验设计选自哈泥泥炭地长期模拟全球变化样地（见图2-2）中的对照处理（N0P0H0）、低水平N、P共同添加处理（N1P1H0）、高水平N、P共同添加处理（N2P2H0）、低水平N和高水平P共同添加处理（N1P2H0）以及高水平N和低水平P共同添加处理（N2P1H0），每个处理4个重复，共计20个样方（见图6-1）。为了行文简洁、方便阅读，在本章中N0P0H0记作CK，N1P1H0记作N1P1，N1P2H0记作N1P2，N2P1H0记作N2P1，N2P2H0记作N2P2。

增温是通过开顶增温棚（OTC）实现的，规格为顶部 0.8 m × 0.8 m，底部 1.2 m × 1.2 m，使用材料为透明聚碳酸酯（PC）板。OTC生长季平均增温幅度约为 0.5 ℃。具体实验设计参照 2.2.1 节部分。

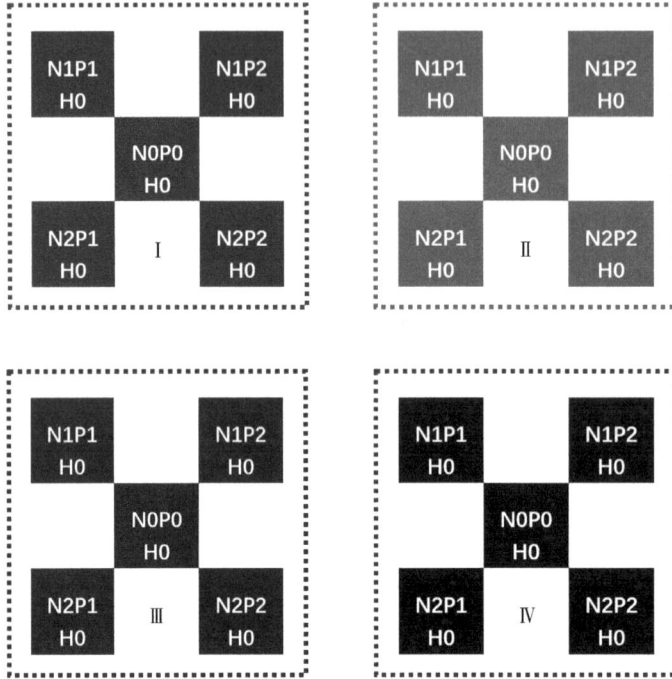

图 6-1　N、P 共同添加实验设计示意图。N0，无 N 添加；N1，N 添加水平为 50 kg N ha^{-1} a^{-1}；N2，N 添加水平为 100 kg N ha^{-1} a^{-1}；P0，无 P 添加；P1，P 添加水平为 5 kg P ha^{-1} a^{-1}；P2，P 添加水平为 10 kg P ha^{-1} a^{-1}；H0，不增温。Ⅰ、Ⅱ、Ⅲ、Ⅳ代表 4 个重复区组

Figure 6-1　Diagram of N, P co-addition experiment design. N0, no N addition; N1, N addition with 50 kg N ha^{-1} a^{-1}; N2, N addition with 100 kg N ha^{-1} a^{-1}; P0, no P addition; P1, P addition with 5 kg P ha^{-1} a^{-1}; P2, P addition with 10 kg P ha^{-1} a^{-1}; H0, no warming. Ⅰ, Ⅱ, Ⅲ, Ⅳ represent 4 blocks

6.2.2　N$_2$O 的采集及分析

野外 N$_2$O 的测量和分析采用静态箱 - 气相色谱法，静态箱直径为 26 cm，高 50 cm，材质为不透明的亚克力有机玻璃。利用气相色谱（GC system，Agilent 7980B，Santa Clara，USA）电子捕获检测器（ECD）测量并计算 N$_2$O 浓度。通过气体浓度和采样时间，建立回归方程并计算 N$_2$O 通量。具体采集和分析气体数据步骤详见 2.2.2 节部分。

6.2.3　环境因子的监测

在监测 N_2O 通量的同时，测量每个样方的环境因子指标，包括土壤呼吸圈苔藓表层以下 5 cm 和 20 cm 处的土壤温度（T_{soil}，5 cm 和 T_{soil}，20 cm）、苔藓表层以上 20 cm 处的空气温度、土壤湿度（SM）、水位埋深（WTD），以及原位泥炭水 pH 值。具体的测量频率和方法详见 2.2.3 节部分。

6.2.4　泥炭理化性质的测定

2019 年 8 月从野外样方中采集泥炭样本并分析其理化指标，包括总氮（TN）、总碳（TC）、总磷（TP）、可溶性有机碳（DOC）。具体测定方法详见 2.2.4 节部分。

6.2.5　土壤酶活性的测定

β-D-葡萄糖苷酶（β-D-glucosidase，BDG）、N-乙酰-β-D-葡萄糖苷酶（N-acetyl-β-glucosaminidase，NAG）和磷酸酶（phosphatase，PHO）是泥炭地中常用来衡量有机碳分解的 3 种水解酶，分别是将纤维素水解为葡萄糖来获取 C、分解几丁质获取 N、催化磷酸单酯获取磷酸盐的酶，其活性强度可直接反映泥炭分解的强弱[45-47]。土壤多酚氧化酶（POX）可以将酚类物质部分氧化成简单的有机化合物，POX 的活性对泥炭地有机质的积累以及缓解泥炭分解过程是非常重要的[48, 49]。本研究利用微孔板荧光法测定泥炭土壤中这 3 种水解酶和 1 种氧化酶的活性[173]。具体测定方法详见 2.2.6 节部分。

6.2.6　植被调查

2019 年 7 月末对每个样方呼吸圈内泥炭藓和维管植物的盖度进行调查，具体调查方法详见 2.2.5 节部分。

6.2.7　数据处理和分析

所有的数据在分析前均采用残差图法进行正态性检验，必要时对数据进行对数转换。本章通过方差分析（双因素方差分析和重复测量方差分析）、相关分析来分析和探究 N_2O 通量与各个因子之间，以及各个生物和非生物因子之间的关系。具体数据处理及分析方法详见 2.2.8 节部分。

6.3 结果

6.3.1 非生物环境因子

各处理DOC含量范围为4.04 ± 0.9 ~ 8.31 ± 1.3，其中CK最低，N1P2最高（见图6-2a）。N、P的共同添加显著增加了土壤DOC含量，除了对照外，其他四个处理间DOC浓度没有显著的差异，但是高N添加的处理DOC浓度均相对较低。与DOC含量变化趋势较为一致，TP含量在施加N、P后显著增加（见图6-2b），但是高N添加下TP含量低于低水平N添加TP含量，各处理TP含量范围为0.05 ~ 0.11，其中CK最低，N1P2最高。N、P共同添加显著增加了TN含量，且随着N、P添加量的增加而增加（见图6-2c），其中CK最低，N2P2最高。N、P添加显著降低了WTD（见图6-2e），其中N1P2处理WTD最小，CK最大，各处理WTD的范围为15.86 ± 2.8 ~ 29.95 ± 1.7。5 cm土壤温度与20 cm土壤温度变化趋势较为一致，均为N2P1处理最高，N1P2处理最低，且N2P1处理的两种深度土壤温度均显著高于N1P2，其他处理间两种深度土壤温度没有显著差异。N、P的添加显著降低了C∶N，其中，CK的C∶N最高，N2P2的C∶N最低，各处理C∶N范围为22.00 ± 1.2 ~ 34.06 ± 0.49。各处理N∶P范围为15.93 ± 0.9 ~ 20.73 ± 1.3（见图6-2j），其中CK的N∶P最高，N1P2的N∶P最低，且CK和N2P1的N∶P显著高于N1P2，其他处理间N∶P没有显著差异。6个处理土壤TC含量（见图6-2d）以及pH值（见图6-2f）之间没有显著差异。

表6-1中，N添加对WTD、DOC、TN、TP、C∶N、泥炭藓盖度以及四种酶活性有显著影响；P添加对5 cm、20 cm土壤温度、WTD、DOC、TN、TP、N∶P、C∶N、泥炭藓盖度以及除了BDG以外的三种酶活性有显著影响；N和P添加的交互作用对WTD、泥炭藓盖度、维管植物盖度以及POX活性有显著影响。

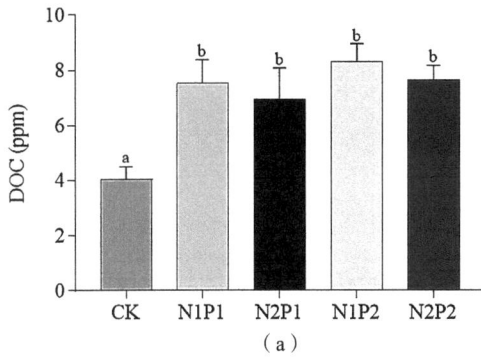

（a）

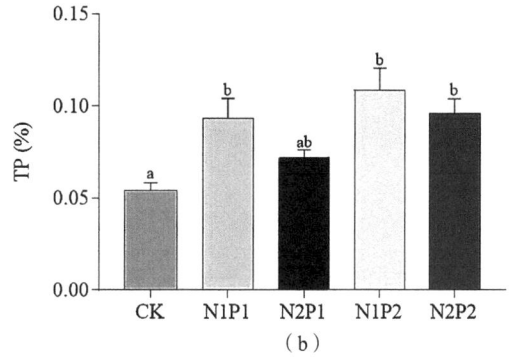

（b）

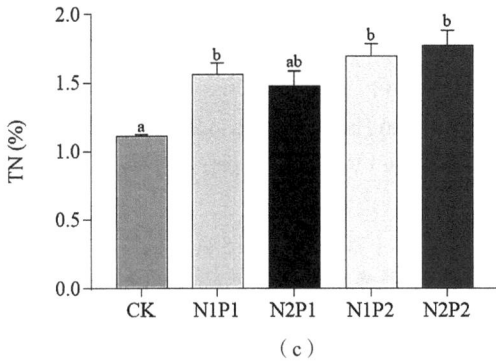

（c）

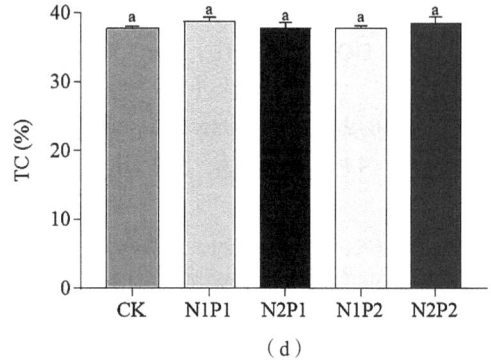

（d）

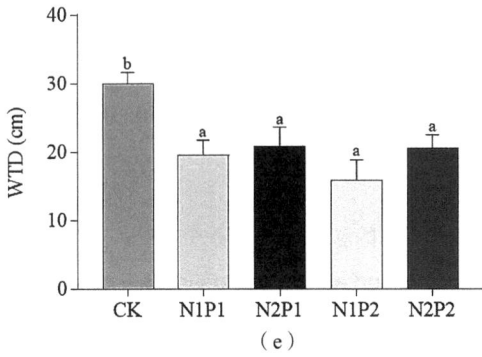

（e）

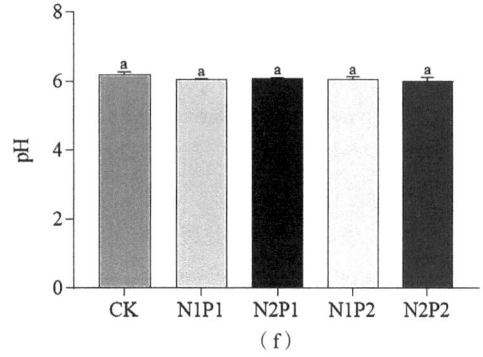

（f）

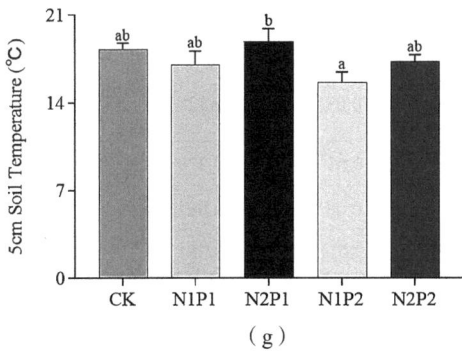

（g）

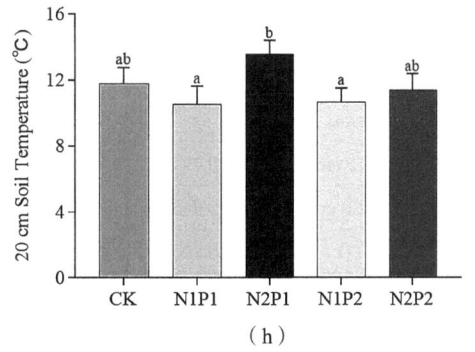

（h）

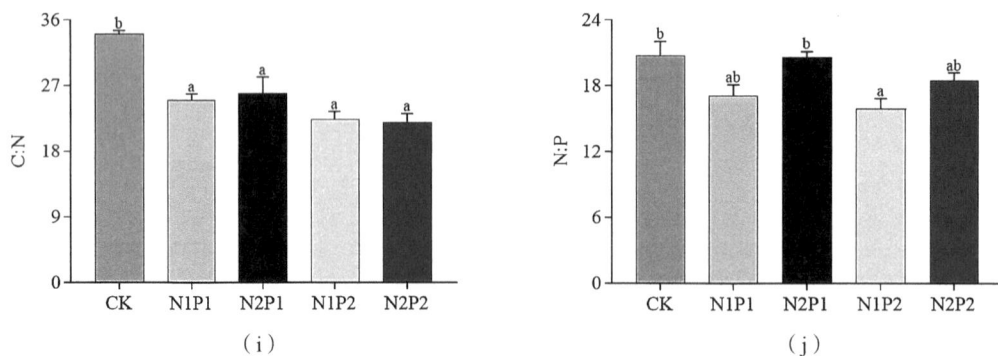

（i）

（j）

图6-2 哈泥泥炭地2019年生长季N、P共同添加对非生物因子的影响（平均值 ± 标准误差，$n = 4$）。
（a）DOC；（b）TP；（c）TN；（d）TC；（e）WTD；（f）pH；（g）T_{Soil}，5 cm；
（h）T_{Soil}，20 cm；（i）C：N；（j）N：P

Figure 6-2 Abiotic factors among the different treatments in Hani peatland in 2019（mean ± SEM，$n = 4$）.（a）DOC；（b）TP；（c）TN；（d）TC；（e）WTD；（f）pH；（g）T_{Soil}，5 cm；（h）T_{Soil}，20 cm；（i）C：N；（j）N：P

注：CK，对照；N1P1，N添加水平为50 kg N ha^{-1} a^{-1} + P添加水平为5 kg P ha^{-1} a^{-1}；N2P1，N添加水平为100 kg N ha^{-1} a^{-1} + P1；N1P2，N1 + P添加水平为10 kg P ha^{-1} a^{-1}；N2P2，N2 + P2。WTD，水位埋深；DOC，可溶性有机碳；TC，总碳；TN，总氮；TP，总磷。不同的小写字母代表具有显著差异（$P < 0.05$）。

Note：CK，control；N1P1，N addition with 50 kg N ha^{-1} a^{-1} + P addition with 5 kg P ha^{-1} a^{-1}；N2P1，N addition with 100 kg N ha^{-1} a^{-1} + P1；N1P2，N1 + P addition with 10 kg P ha^{-1} a^{-1}；N2P2，N2 + P2. WTD，water table depth；DOC，dissolved organic carbon；TC，total carbon；TN，total nitrogen；TP，total phosphorus. Different lowercase letters represent significant differences（$P < 0.05$）between the treatments.

表6-1 不同处理对哈泥泥炭地生物和非生物因子的影响（双因素方差分析）

Table 6-1 Effects of different treatments on biological and abiotic factors in Hani peatland（Two-way ANOVA）

Parameter	N addition		P addition		N addition × P addition	
	F	P	F	P	F	P
Cumulative N_2O flux	5.465	0.032**	3.144	0.095*	0.125	0.727
T_{soil}，5 cm	0.199	0.734	8.711	0.01***	0.329	0.575
T_{soil}，20 cm	0.945	0.345	3.475	0.081*	0.003	0.954
WTD	6.500	0.021**	8.114	0.011**	5.381	0.033**
Moisture	0.009	0.924	0.071	0.794	0.217	0.647
DOC	8.533	0.000***	7.567	0.014**	2.839	0.111
pH	1.847	0.193	1.039	0.323	0.007	0.934
TN	17.225	0.000***	14.719	0.001***	0.215	0.649

续 表

Parameter	N addition		P addition		N addition × P addition	
	F	P	F	P	F	P
TC	0.189	0.669	0.049	0.827	0.014	0.908
TP	4.042	0.061[*]	18.266	0.000[***]	1.466	0.243
N：P	0.014	0.908	14.938	0.001[***]	2.705	0.119
C：N	29.451	0.000[***]	21.508	0.001[***]	1.825	0.195
SC	85.86	0.000[***]	20.94	0.001[***]	40.71	0.000[***]
VPC	2.599	0.126	0.233	0.636	19.407	0.000[***]
BDG	8.233	0.011[**]	0.001	0.974	2.277	0.151
NAG	7.169	0.016[**]	3.341	0.086[*]	0.345	0.565
POX	6.170	0.024[**]	9.535	0.007[***]	4.043	0.061[*]
PHO	89.042	0.000[***]	6.194	0.024[**]	0.010	0.921

注：N addition，N添加；P addition，P添加。Cumulative N_2O flux，累积 N_2O 通量；WTD，水位埋深；Moisture，含水量；DOC，可溶性有机碳；TN，总氮；TC，总碳；TP，总磷；SC，泥炭藓盖度；VPC，维管植物盖度；BDG，β-D-葡萄糖苷酶；NAG，N-乙酰-β-D-葡萄糖苷酶；POX，酚氧化酶；PHO，磷酸酶。显著性水平：[***]$P < 0.01$，[**]$P < 0.05$，[*]$P < 0.1$。

Note：WTD，water table depth；DOC，dissolved organic carbon；TN，total nitrogen；TC，total carbon；TP，total phosphorus；SC，*Sphagnum* cover；VPC，vascular plants cover；BDG，β-D-glucosidase；NAG，N-acetyl-β-glucosaminidase；POX，phenol oxidase；PHO，phosphatase. Asterisk represents a significant difference，[***]$P < 0.01$，[**]$P < 0.05$，[*]$P < 0.1$.

表6-2　N、P共同添加对哈泥泥炭地2019年生长季平均 N_2O 通量的影响（重复测量方差分析）[*]$P < 0.1$

Table 6-2　Effect of N，P co-addition on mean N_2O flux in the growth season of 2019 in Hani peatland（repeated measurement ANOVA）.[*]$P < 0.1$

Treatment	df	F	P
N addition	1	3.097	0.081[*]
P addition	1	0.466	0.496
N addition × P addition	1	0.229	0.632

6.3.2　N_2O 通量

生长季累积 N_2O 通量范围在 -45 ± 47 g m^{-2} ～ 145 ± 44 g m^{-2}。ANOVA 显示出 N、P共同添加下，N添加对生长季累积 N_2O 通量和平均 N_2O 通量均有显著影响（$P < 0.1$，表6-1，表6-2），N2P1（$t = 3.275$，$P = 0.045$）和N2P2（$t = 18.61$，$P = 0.002$）处理表现出显著的 N_2O 排放，使泥炭地成为显著的 N_2O 的源（见图6-3），N_2O 通量分别

为 $145 \pm 44\ \mathrm{g\ m^{-2}}$ 和 $115 \pm 6\ \mathrm{g\ m^{-2}}$。在 N、P 共同添加下，P 添加对生长季累积 N_2O 通量有显著影响（$P<0.1$，表 6-1），而对生长季平均 N_2O 通量没有影响。低水平 N 添加下，不同水平 P 添加均对 N_2O 排放没有显著的效应，其中 N1P1 处理生长季 N_2O 累积通量接近 0 通量，为 $-4 \pm 21\ \mathrm{g\ m^{-2}}$，N1P2 表现出 N_2O 的吸收，通量为 $-45 \pm 47\ \mathrm{g\ m^{-2}}$，但是不显著（$P = 0.419$）。高水平 N 添加下不同水平 P 添加处理 N_2O 通量均显著高于低水平 N 添加下不同水平 P 添加处理 N_2O 通量。

正如我们之前在第 4 章和第 5 章中所阐述的，生长季内 N_2O 排放可以划分两个阶段（见图 6-4），即 N_2O 零通量期（5、6、7 月）和 N_2O 源汇期（8 月和 9 月）。其中，N2P1 处理的 N_2O 排放集中在 8 月和 9 月，在 9 月最后一次采样中达到了排放顶峰，通量为 $174.24 \pm 30\ \mathrm{mg\ m^{-2}\ h^{-1}}$，也是我们观察到的排放最高的处理，占其生长季通量约 53 %；N2P2 处理整个生长季均为 N_2O 排放状态，同样在 9 月最后一次采样中达到了排放顶峰；N1P1 处理整个生长季 N_2O 通量均比较小，在 8 月和 9 月有不显著的 N_2O 排放和吸收；而 N1P2 处理在 8 月达到了 N_2O 吸收顶峰，为 $-149.22 \pm 64\ \mathrm{mg\ m^{-2}\ h^{-1}}$，也是我们观察到的吸收最高的处理，但是在 9 月的两次采样中均表现出 N_2O 的排放，其中在 9 月第一次采样中达到了 N_2O 排放顶峰，为 $107.1 \pm 61\ \mathrm{mg\ m^{-2}\ h^{-1}}$。所有处理 8 月和 9 月的通量占整个生长季通量 90 % 以上。

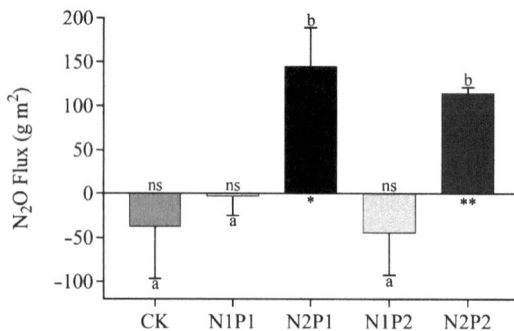

图 6-3　哈泥泥炭地 2019 年生长季累积 N_2O 通量（平均值 ± 标准误差，$n = 4$）

Figure 6-3　Cumulative N_2O flux（mean ± SEM，$n = 4$）in Hani peatland in the growing season of 2019

注：CK，对照；N1P1，N 添加水平为 50 kg N $\mathrm{ha^{-1}\ a^{-1}}$ + P 添加水平为 5 kg P $\mathrm{ha^{-1}\ a^{-1}}$；N2P1，N 添加水平为 100 kg N $\mathrm{ha^{-1}\ a^{-1}}$ + P1；N1P2，N1 + P 添加水平为 10 kg P $\mathrm{ha^{-1}\ a^{-1}}$；N2P2，N2 + P2。星号代表 N_2O 通量与 0 的显著差异。$^*P < 0.1$；$^{**}P < 0.05$；ns，没有显著差异。不同的小写字母代表不同处理间具有显著差异（$P < 0.05$）。

Note：CK，control；N1P1，N addition with 50 kg N $\mathrm{ha^{-1}\ a^{-1}}$ + P addition with 5 kg P $\mathrm{ha^{-1}\ a^{-1}}$；N2P1，N addition with 100 kg N $\mathrm{ha^{-1}\ a^{-1}}$ + P1；N1P2，N1 + P addition with 10 kg P $\mathrm{ha^{-1}\ a^{-1}}$；N2P2，N2 + P2. Different lowercase letters represent significant differences（$P < 0.05$）. Asterisks denote N_2O flux significantly different from zero. $^*P < 0.1$，$^{**}P < 0.05$；ns，no significant difference.

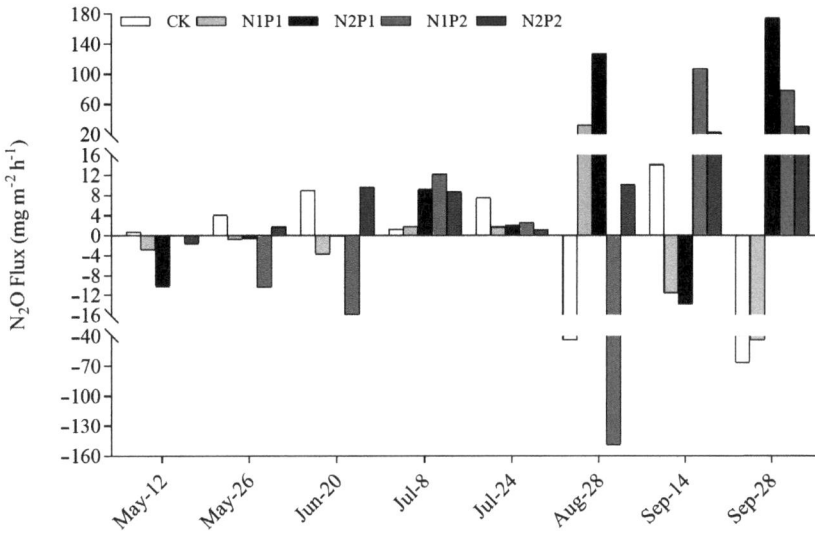

图 6-4　哈泥泥炭地 2019 年生长季 N_2O 通量月际变化（平均值 ± 标准误差，$n = 4$）

Figure 6-4　Seasonal characteristics of N_2O flux（mean ± SEM，$n = 4$）in Hani peatland in the growing season of 2019

注：CK，对照；N1P1，N 添加水平为 50 kg N ha^{-1} a^{-1} + P 添加水平为 5 kg P ha^{-1} a^{-1}；N2P1，N 添加水平为 100 kg N ha^{-1} a^{-1} + P1；N1P2，N1 + P 添加水平为 10 kg P ha^{-1} a^{-1}；N2P2，N2 + P2。

Note：CK，control；N1P1，N addition with 50 kg N ha^{-1} a^{-1} + P addition with 5 kg P ha^{-1} a^{-1}；N2P1，N addition with 100 kg N ha^{-1} a^{-1} + P1；N1P2，N1 + P addition with 10 kg P ha^{-1} a^{-1}；N2P2，N2 + P2.

6.3.3　植被变化

CK 的总盖度显著高于其他处理（见图 6-5），其他处理间总盖度没有统计学上的显著差异，其中 N2P2 处理总盖度最低，CK 与 N2P1、N1P2 处理的植物总盖度均较高，但是 CK 与其他两个处理的植物组成不同，N2P1 和 N1P2 处理的维管植物盖度显著高于 CK 和其他处理，但是泥炭藓盖度很低，而 CK 中泥炭藓盖度具有绝对的优势，但是维管植物盖度不高。就像本研究在第 4 章和第 5 章中所提到的，N 添加会显著降低泥炭藓盖度（见表 6-1、表 6-3），同时会抑制维管植物的生长，有 N 添加的处理泥炭藓盖度均显著低于 CK（$P < 0.05$），除 CK 以外的四个处理泥炭藓盖度均下降了 50 % 以上，其中 N2P2 处理泥炭藓盖度最低，而 P 添加会促进维管植物的生长，同时对泥炭藓盖度也会有一定程度的抑制作用（见表 6-1、表 6-3），其中 N2P1 处理维管植物盖度最高，高于 CK 约 60 %，但是 N2P2 处理维管植物盖度与 CK 没有显著差异。

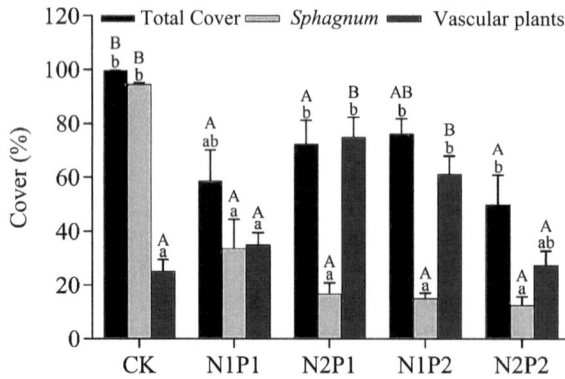

图 6-5　植物盖度（平均值 ± 标准误差，$n = 4$）

Figure 6-5　Plants cover in the plots（mean ± SEM，$n = 4$）in the growing season of 2019

注：CK，对照；N1P1，N 添加水平为 50 kg N ha^{-1} a^{-1} + P 添加水平为 5 kg P ha^{-1} a^{-1}；N2P1，N 添加水平为 100 kg N ha^{-1} a^{-1} + P1；N1P2，N1 + P 添加水平为 10 kg P ha^{-1} a^{-1}；N2P2，N2 + P2。Vascular plants，维管植物盖度；*Sphagnum*，泥炭藓盖度；Total Cover，总盖度。不同的大写字母代表同一植物盖度不同处理间的显著差异，不同的小写字母代表同一处理下不同植物盖度间的显著差异。（$P < 0.05$）。

Note：CK，control；N1P1，N addition with 50 kg N ha^{-1} a^{-1} + P addition with 5 kg P ha^{-1} a^{-1}；N2P1，N addition with 100 kg N ha^{-1} a^{-1} + P1；N1P2，N1 + P addition with 10 kg P ha^{-1} a^{-1}；N2P2，N2 + P2。Different lowercase letters represent significant differences between different plant functional types under the same treatment，and different uppercase letters represent significant differences between different treatment under the same plant functional type（$P < 0.05$）.

6.3.4　土壤酶活性

正如在第4章和第5章中所描述的，N、P 添加对土壤酶活性有显著的影响（见表6-1），其中在低水平 P 添加下，不同水平 N 添加的 BDG 活性均显著高于 CK。N1P1 处理和 N2P2 处理的 NAG 活性相似，且均显著高于其他处理，CK 的 NAG 活性最低。POX 活性在 N、P 添加之后也显著提高，除了 CK 外的四个处理间 POX 活性没有显著差异，且 POX 活性随 N 添加量的增加而降低，其中 N1P2 处理 POX 活性最高。有 N、P 添加处理的 PHO 活性均显著低于 CK，且随 N、P 添加量的增加而活性降低，N2P2 处理的 PHO 活性最低。

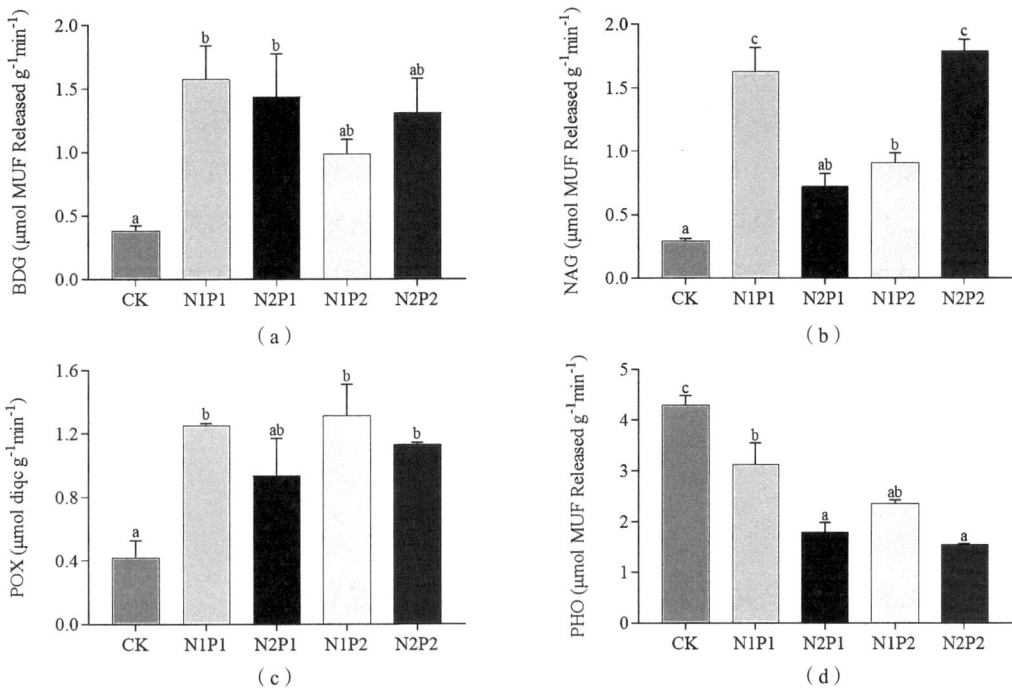

图 6-6　土壤酶活性（平均值 ± 标准误差，*n*=4）。（a）BDG；（b）NAG；（c）POX；（d）PHO

Figure 6-6　Enzyme activity in Hani peatland in the growing season of 2019（mean ± SEM，
n = 4）.（a）BDG；（b）NAG；（c）POX；（d）PHO

注：CK，对照；N1P1，N 添加水平为 50 kg N ha⁻¹ a⁻¹ + P 添加水平为 5 kg P ha⁻¹ a⁻¹；N2P1，
N 添加水平为 100 kg N ha⁻¹ a⁻¹ + P1；N1P2，N1 + P 添加水平为 10 kg P ha⁻¹ a⁻¹；N2P2，N2 + P2。
BDG，β–D–葡萄糖苷酶；NAG，N–乙酰–β–D–葡萄糖苷酶；POX，酚氧化酶；PHO，磷酸酶。
不同的小写字母代表处理间具有显著差异（$P < 0.05$）。

Note：CK，control；N1P1，N addition with 50 kg N ha⁻¹ a⁻¹ + P addition with 5 kg P ha⁻¹ a⁻¹；N2P1，
N addition with 100 kg N ha⁻¹ a⁻¹ + P1；N1P2，N1 + P addition with 10 kg P ha⁻¹ a⁻¹；N2P2，N2 + P2. BDG，
β –D–glucosidase；NAG，N–acetyl– β –glucosaminidase；PHO，phosphatase. Different lowercase letters
represent significant differences（$P < 0.05$）.

6.3.5　相关性分析

相关性分析中（见表6-3），生物因子中与N₂O通量呈显著相关的有总植物盖度和BDG活性。其他因子从左向右依次为，DOC含量与TP、TN、TC、维管植物盖度、NAG和POX活性呈显著正相关，与泥炭藓盖度、WTD、C：N、N：P、pH以及PHO活性呈显著负相关。TP含量与TN、TC、NAG和BDG活性呈显著正相关，与泥炭藓盖度、总盖度、WTD、C：N、N：P、pH和PHO活性呈显著负相关。TC与N：P和pH呈显著负相关。泥炭藓盖度与总盖度、C：N、N：P、pH以及PHO

活性呈显著正相关。总盖度与C∶N、pH呈显著正相关，与NAG活性呈显著负相关。WTD与C∶N、N∶P和PHO活性呈显著正相关，与BDG、NAG和POX活性呈显著负相关。C∶N与N∶P、pH和PHO活性呈显著正相关，与BDG、NAG和POX活性呈显著负相关。N∶P与pH呈显著正相关，与POX活性呈显著负相关。BDG活性与NAG、POX活性呈显著正相关关系，与PHO活性呈显著负相关关系。NAG活性与POX活性呈正相关关系，与PHO活性呈显著负相关关系。POX活性与PHO活性呈显著负相关关系。

6.4 讨论

6.4.1 N、P共同添加下泥炭地N$_2$O通量特征

本研究发现，在N和P的共同添加下，N添加相对于P添加对泥炭地N$_2$O通量有着更大的影响（见表6-1、表6-2），这与我们在第4章和第5章中的研究也相符合，单独的N添加比单独的P添加对泥炭地N$_2$O汇功能有更大的威胁，但是与第一个假设部分相悖，即不是所有水平的N和P的共同添加均对N$_2$O排放有显著的刺激作用，不同水平的N、P共同添加出现了N$_2$O的零（N1P1）、源（N2P1和N2P2）、汇（N1P2）三种不同的通量特征，这与第二个假设部分相符。在相同P添加水平下，N$_2$O排放随N添加量的增加而增加，这使泥炭地成为显著的N$_2$O的源，而在相同N添加水平下，N$_2$O排放随着P添加量的增加是减少的，这可能说明，在N添加下，P添加对N$_2$O排放的刺激作用是被削弱的。正如上文中所提到的，长期N添加对泥炭地微生物群落有显著的刺激作用，但是长期P添加对微生物群落组成以及大小没有明显的作用[233]，N添加对微生物的积极效应将会刺激N$_2$O的产生[218]。从表6-1、表6-2中可以发现，N添加对N$_2$O通量以及水解酶活性的影响比P添加的影响更为显著，这也说明了上述观点。

相较于第4章和第5章中单独N、P添加对泥炭地N$_2$O源汇功能的影响，本章中N2P1和N2P2处理N$_2$O通量均显著高于单独的N2、P1和P2处理（见图4-2、图5-2、图6-3，$P < 0.05$），如前文所述，泥炭地在N添加之后反硝化能力增强，N$_2$O的排放潜力很大，而P的添加可以通过增加维管植物盖度来刺激这个潜力，导致排放增加[154, 155]。相较于N1P1，N1P2处理整个生长季更趋向于一个N$_2$O的汇，我们

表6-3　N、P共同添加下哈泥泥炭地生物和非生物因子间的相关关系

Table 6-3　Correlation analysis between biological and abiotic factors under N, P co-addition in Hani peatland

	Flux	DOC	TP	TN	TC	SC	VPC	TCov	WTD	C∶N	N∶P	pH	BDG	NAG	POX	PHO
Flux																
DOC	0.049															
TP	-0.033	0.741***														
TN	0.171	0.669***	0.897***													
TC	-0.083	0.641***	0.485**	0.335												
SC	-0.34	-0.685***	-0.581***	-0.594***	-0.345											
VPC	-0.173	0.493**	0.293	0.17	0.375	-0.307										
TCov	-0.404*	-0.281	-0.435*	-0.631***	-0.171	0.662***	0.272									
WTD	-0.095	-0.35*	-0.488**	-0.56**	0.042	0.177	-0.193	0.257								
C∶N	-0.185	-0.621***	-0.839***	-0.971***	0.162	0.556***	-0.139	0.601***	0.655***							
N∶P	0.276	-0.67**	-0.866***	0.598***	-0.553***	0.427*	-0.346	0.174	0.391*	0.540**						
pH	-0.077	-0.426*	-0.578***	-0.638***	-0.401*	0.469**	-0.177	0.498**	0.32	0.545**	0.417*					
BDG	0.352*	0.132	0.132	0.293	-0.211	-0.259	-0.046	-0.295	-0.389*	-0.402*	-0.003	-0.266				
NAG	0.108	0.406*	0.487**	0.599***	0.24	-0.216	-0.195	-0.456**	-0.365*	-0.628***	-0.346	-0.325	0.615***			
POX	0.213	0.428*	0.565***	0.613***	0.033	-0.257	-0.002	-0.33	-0.793***	-0.692***	-0.45*	-0.157	0.538***	0.596***		
PHO	-0.378	-0.61**	-0.484**	-0.668***	-0.176	0.432*	-0.319	0.275	0.382*	0.697***	0.193	0.343	-0.449**	-0.462**	-0.433*	

注：WTD，水位埋深；DOC，可溶性有机碳；TN，总氮；TC，总碳；TP，总磷；SC，泥炭藓盖度；VPC，维管植物盖度；TCov，总盖度；BDG，β-D-葡萄糖苷酶；NAG，N-乙酰-β-D-葡萄糖苷酶；POX，酚氧化酶；PHO，磷酸酶。显著性水平：***$P<0.01$，**$P<0.05$，*$P<0.1$。

Note: WTD, water table depth; DOC, dissolved organic carbon; TN, total nitrogen; TC, total carbon; TP, total phosphorus; SC, *Sphagnum* cover; VPC, vascular plants cover; TCov, total cover; BDG, β-D-glucosidase; NAG, N-acetyl-β-glucosaminidase; POX, phenol oxidase; PHO, phosphatase. ***$P<0.01$, **$P<0.05$, *$P<0.1$.

认为这可能和高剂量的P添加导致N_2O被吸收有关，这与我们在第4章中所描述的高水平P添加下N_2O通量特征相似，N1P2的DOC含量是所有处理中最高的，而且TN含量和TP含量均高于N1P1处理（见图6-2），同时N1P2的C：N比要低于N1P1，在上文中我们曾提到，更高的养分可利用性以及低的C：N[177]更有利于N_2O被还原为N_2[19, 59, 79, 119]。DOC作为反硝化作用中的电子供体，其含量对反硝化作用的发生至关重要，更高的DOC浓度会刺激反硝化作用消耗N_2O，导致N_2O的吸收[178]。N1P2处理由于高水平P的添加，导致其维管植物盖度显著高于N1P1，如前文所述，高水平的P添加将缓解泥炭地的P限制，导致维管植物增多[148, 161]。

总之，N2P1和N2P2维管植物的增多以及高营养可利用性可以为N_2O的产生和排放提供有利条件，适宜的WTD可以减少N_2O还原为N_2。Prananto等曾报道，在热带的泥炭地当中水位下降10 cm，N_2O排放呈指数型增长[88]。N1P1由于底物条件和排放条件的双限制，导致其N_2O通量很低，而N1P2由于解除了P限制导致的维管植物的增多，改变了凋落物输入的组成和品质，从而在生长季末期有显著的N_2O的源汇交替。长期N、P添加对泥炭以及植物组成带来的无论是积极的还是消极的影响直接关系到N_2O的净通量，同时我们认为，P添加大幅减弱甚至抵消了高N添加对植物组成的负效应。

6.4.2　N、P共同添加与泥炭地生物/非生物因子

令我们意外的是N1P1处理维管植物盖度没有因为P的添加而增加，这在很大程度上限制了N_2O的排放，而且N1P1处理的土壤N：P比较低（见图6-2j），这说明N1P1处理N的可利用性较低，低水平的N和P的添加可能绝大多数被表层泥炭藓利用，导致维管植物的生长受限。有研究发现，低水平N添加（50 kg N ha^{-1} a^{-1}）之后，79 %的N被泥炭藓利用，被维管植物利用的不超过10 %[241]。从图6-6d中也可以发现，N1P1的PHO活性仅低于CK，这说明微生物需要投资更多的磷酸酶去获取可利用的P，反映出N1P1处理下仍处于可利用P相对较低的状态[45-47]。同时，我们对比了第4章和第5章中单独N、P添加对植物盖度的影响，发现N添加同时抑制了泥炭藓和维管植物的盖度，而P添加抑制了泥炭藓但促进了维管植物的生长，因此可以通过高品质（维管植物）凋落物的输入而增加微生物的养分，加速N_2O的生产与排放[206]，这证明了第三个假设，同时这可能也是N1P2处理在生长季末期有显著N_2O排放的原因之一。

高水平的 P 和 N 共同添加缓解了微生物和植物的营养限制而胞外酶活性没有显著增加，或者低于低水平 N、P 共同添加的处理（见图 6-6），这可能是由于高水平 N、P 的添加使泥炭地中的微生物无须为获取营养而对胞外酶去更多的投资[242]，而 N1P1 似乎没有产生这样的机制，因为 N1P1 所有酶活性均高于 N2P1，微生物产生更多的胞外酶来获取营养，这也说明了 N1P1 的养分可利用性较低。Zhang 等发现，长期 N 添加和 P 添加对土壤酶活性的影响是相反的，N 添加会促进 BDG 的活性促进土壤 C 的分解，而 P 添加对有关分解的酶没有影响[162]。Lu 等的研究发现，在 N 限制的泥炭地中 P 添加之后土壤呼吸以及 BDG、NAG 还有 PHO 的活性没有显著增强，这支持了我们的观点[127]。

6.5　本章小结

本研究通过对哈泥泥炭地长期模拟全球变化样地中不同水平 N、P 共同添加样方的生长季 N$_2$O 通量，以及生物和非生物因子的连续观测，探究长期 N、P 共同添加对泥炭地 N$_2$O 源汇功能影响，以及泥炭地生物和非生物因子对不同水平 N、P 共同添加的响应。研究显示，泥炭地 N$_2$O 的排放和吸收是受不同的生物和非生物因子调控的，不同剂量的 N、P 共同添加对 N$_2$O 产生、排放和吸收有着不同的影响。通过方差分析和之前研究中的结构方程模型我们发现，N 添加主要通过影响土壤酶活性，加速泥炭的分解速度，改变土壤化学计量比和可利用营养底物浓度，进而去调控泥炭地 N$_2$O 的净通量，而 P 添加通过改变泥炭地植物组成和凋落物输入的组成成分和品质来影响 N$_2$O 的净通量。低水平的 N 与不同水平 P 的共同添加对泥炭地 N$_2$O 源汇功能没有显著影响，低水平 N 与高水平 P 的共同添加甚至使泥炭地趋向于一个 N$_2$O 的汇；而高水平的 N 与不同水平 P 的共同添加显著刺激了泥炭地 N$_2$O 的排放，这说明高水平的 N、P 共同添加可能完全解除了泥炭地的 N、P 限制，使泥炭地成为显著的 N$_2$O 的源。我们有理由相信，随着全球变化和人类活动的加剧，泥炭地养分有效性的增加严重影响了泥炭地 C、N、P 的循环以及植被组成和微生物胞外酶活性，这会刺激泥炭地 N$_2$O 的排放潜力，使之成为 N$_2$O 的强烈排放源。

7 不同养分、水分及植被条件对泥炭 N_2O 通量的影响

7.1　引言

土壤水分条件是控制N_2O产生、排放和消耗（吸收）的关键因子[38, 59, 68, 69]。水分条件决定了土壤的通气条件，进而影响土壤硝化和反硝化作用的发生。Regina发现泥炭地水位下降会加速N的矿化，导致N_2O的排放大幅度增加[70]。有研究发现当排水后的泥炭地重新灌溉（湿润）后N_2O的排放大大减少[88]，同样，Rückauf发现泥炭土壤含水率的变化会直接影响土壤中N_2O/N_2，在土壤重新灌溉（湿润）后N_2O/N_2变小[22]，这是由于厌氧环境不利于N_2O的产生和排放。Werner等在对森林N_2O监测时发现，当有降雨事件发生后N_2O呈现出脉冲式的排放[72]。还有研究发现，70%的含水量是土壤硝化和反硝化反应均适宜的条件，此时会产生更多的N_2O[71]。Qin等的研究发现，更高的土壤含水量甚至淹水条件下可以有助于N_2O的消耗，在75%和25%的WFPS处理中发现N_2O的消耗明显降低，排放显著增加[87]。Liu等通过室内试验发现，当土壤含水量低于40%时几乎没有N_2O的排放，在85%含水量时N_2O排放最高，而在100%含水量时N_2O有吸收的现象，这是由于控制N_2O吸收的$nosZ$基因丰度在厌氧条件下更高[85]。Liu的一篇综述中阐述了水分条件如何调控土壤N_2O产生、排放和吸收，文中提到，土壤吸收和消耗N_2O的途径不同，水体本身可以通过物理途径直接溶解和吸收N_2O，也可以通过调控土壤的通气条件间接地通过生物化学过程消耗N_2O[60]。由此可见，水分条件对控制土壤N_2O净通量有着至关重要的作用。

在前文中我们已经阐述了N添加对产生N_2O的生物过程的积极和消极的影响，在泥炭地中，N添加和水文条件的耦合导致的非生物反硝化也是N_2O产生和排放的重要来源。Buessecker等的研究发现，泥炭地淹水厌氧的条件下，会促进N素会以化学（非生物）反硝化的方式还原为N_2O，并伴随着铁离子（Fe^{2+}）的氧化反应，厌氧环境越强烈，N_2O的排放越多[243, 244]。Le等通过N添加和植被剔除实验发现，N添加引起的维管植物的增加会显著刺激泥炭地N_2O的排放，但是将维管植物剔除后，N_2O通量减少了69%，他们认为如果不采取减少N排放的措施，由于N沉积/施肥的增加而导致的类禾本科植物丰度的增加可能会显著刺激北方泥炭地的N_2O排放，从而对全球气候和未来平流层臭氧消耗产生更大的影响[41]。长期和短期的施肥

实验对泥炭地 N_2O 排放的影响不尽相同甚至是相反的，Gao 等的研究表明，一年的 N 添加实验增加了土壤有效 N 含量并显著增加了土壤 N_2O 的排放，且 N_2O 通量与植被高度呈显著负相关[123]。Gong 等同样发现，长期（10年以上）施 N 对泥炭地 N_2O 排放有积极影响，但是 Yi 和 Bu 研究表明长期 N 添加没有促进 N_2O 的排放，这可能是由于泥炭地不同的水文条件导致的不同的观测结果[17, 58]。

综上所述，全球变化引起的泥炭地 N 输入的增加、水分条件以及植被组成的改变对泥炭地 N_2O 通量的影响是复杂的，更为重要的是在野外观测实验中很难将3个因子剥离开来单独去讨论每个因子对泥炭地 N_2O 通量的贡献，以及三者的交互作用对 N_2O 通量的影响。基于此，我们设计了3因子室内实验，旨在阐明不同的养分、水分和植被条件及三者的交互作用对泥炭 N_2O 通量的影响，以及对比上述3因子对 N_2O 通量长期和瞬时效应的不同。我们提出以下假设：（1）N 添加相比于其他因子仍是控制泥炭 N_2O 通量最重要的因子，对 N_2O 的排放贡献最大，因为 N 添加将直接影响产生 N_2O 的生物化学过程的底物来源。（2）水分条件为影响泥炭 N_2O 通量的第二重要因子，N_2O 通量随着水分梯度的升高而增多，但在最高的水分条件下 N_2O 通量表现为吸收。N_2O 的产生过程大多都发生在厌氧条件下，但是淹水时不利于 N_2O 的排放，强烈的厌氧条件有利于 N_2O 的吸收。（3）模拟通气组织的存在会有利于淹水条件下 N_2O 的排放。通气组织不仅会为 N_2O 的排放提供通路，而且还会缓解土壤局部的厌氧环境，从而增加 N_2O 通量。

7.2　材料与方法

7.2.1　实验设计

本实验泥炭样品取自哈泥泥炭地，取样时在开阔地随机选取4处样点，采集表层植被以下 10～15 cm 泥炭，各个样点微生境相似且相距 10 m 左右。将取出的泥炭作为4个重复混合在一起后带回实验室，室内经人工气候箱内 24 h、23 ℃、70 % RH 的光、温、湿度周期，无光照驯化3周后备用，其中气候箱温度与哈泥泥炭地生长季平均温度一致。3周之后取出泥炭并将其中的大根、石子和虫子挑出后待用。取部分已处理好的泥炭在 65 ℃ 烘箱中烘至恒重，计算土壤原始含水量，再取部分泥炭利用吸水法计算土壤最大持水量。

实验共设置了3个控制因子，分别为氮添加（N）、土壤持水量（W）和植物通气组织（T）。其中，氮添加设置了两个梯度，分别为无氮添加（N0）和有N添加（N2）；土壤持水量设置了3个梯度，分别为土壤最大持水量的40 %（W0）、土壤最大持水量的80 %（W1）和土壤最大持水量的120 %（W2）；植物通气组织设置了两个梯度，分别为无植物通气组织（T0）和有植物通气组织（T1）。实验共计12个处理，每个处理11个重复，共计132个培养瓶（见图7-1），11个重复中5个重复用于采气，剩余6个重复用于破坏性采集土壤样品。实验中N添加的量与野外N2水平一致，土壤最大持水量的40 %与野外天然泥炭地土壤含水量一致，模拟植物通气组织通过向土壤中插入毛细管实现。将处理好的泥炭取相当于干重7.5 g（约68 g鲜重）放入250 mL培养瓶中，将配置好的硝酸铵溶液滴入需施肥的处理，随后根据不同的持水量加入对应量的超纯水。处理后的培养瓶放置于一个PQX-450H智能人工气候箱内培养，光、温周期分别设置为 24 h、0 lux 和 23 ℃，空气湿度恒定为70 %。每2 天补充1次蒸馏水，以维持土壤水分的稳定。实验周期为14天，在第3天、第7天和第14天进行采气和土壤样品的采集及分析。

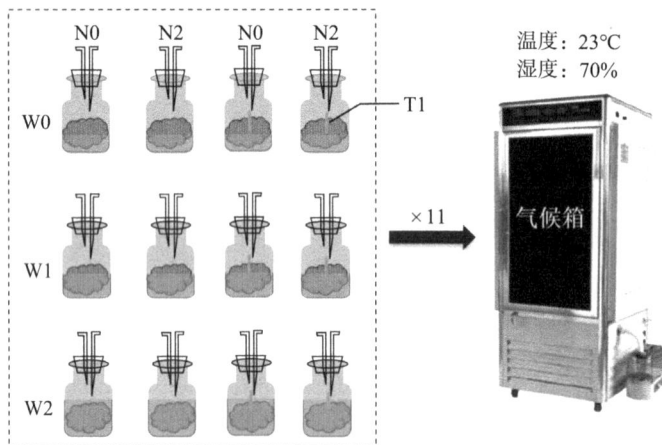

图 7-1　实验设计图

Figure 7-1　Experimental design

注：N0，无N添加；N2，N添加量为 $100 \ kg \ N \ ha^{-1} \ a^{-1}$；T0，无模拟植物通气组织；T1，模拟植物通气组织；W0，土壤最大持水量的40 %；W1，土壤最大持水量的80 %；W2，土壤最大持水量的120 %。

Note：N0，no N addition；N2，N addition with $100 \ kg \ N \ ha^{-1} \ a^{-1}$；T0，no simulated plant aerenchyma；T1，simulating plant aerenchyma；W0，40 % of the maximum soil water-holding capacity；W1，80 % of the maximum soil water-holding capacity；W2，120 % of the maximum soil water-holding capacity.

7.2.2 N$_2$O 的采集与分析

本实验利用气相色谱法测定样品中 N$_2$O 浓度并计算通量。采集气体方法与野外静态箱法相似，通过 60 mL 注射器每隔 0、1、2 小时从培养瓶中抽取 10 mL 气体，将注射器拧紧后妥善保存并在一周内利用气相色谱测定 N$_2$O 浓度。通过公式（7-1）计算通量，其中 F 为通量，单位为 $\mu g \cdot g^{-1} \cdot h^{-1}$，$C$ 为 N$_2$O 浓度随时间变化的方程斜率，V 为培养瓶体积，α 和 β 分别为 N$_2$O 气体质量转化系数和时间转化系数，m 为土壤干重。

$$F = \frac{C \times V \times \alpha \times \beta}{m} \tag{7-1}$$

7.2.3 泥炭理化指标的测定

在每次气体采样结束后，对培养瓶中的泥炭进行破坏性采样并分析其理化指标，包括总氮（TN）、总碳（TC）、可溶性有机碳（DOC）、铵态氮（NH$_4^+$-N）和硝态氮（NO$_3^-$-N）浓度。具体测定方法详见 2.2.4 节部分以及 2.2.7 节部分。

7.2.4 数据处理及分析

所有的数据在分析前均采用残差图法进行正态性检验，必要时对数据进行对数转换。本章通过方差分析、相关分析和功效估计来分析和探究 N$_2$O 通量与各个因子之间，以及各个生物和非生物因子之间的关系。具体数据处理及分析方法详见 2.2.8 节部分。

7.3 结果

7.3.1 N$_2$O 通量

施 N、不同的水分条件以及有无通气组织均显著影响 N$_2$O 通量（见表 7-1），根据功效估计偏 η^2 可知，N 添加对 N$_2$O 通量的影响最大，其次是水分条件，有无通气组织影响最小。3 个因子的交互作用中 N 添加与有无通气组织的交互作用和 N 添加与水分条件的交互作用均对 N$_2$O 通量有显著影响，根据偏 η^2 可知，N×W 对 N$_2$O 通量影响最大，其次是 N×T，三者的交互作用对 N$_2$O 通量没有显著的影响。

如图7-2所示，没有N添加的处理在第1、2和3次采样中N_2O通量均很低，几乎为0，且各处理间没有显著差异。施N条件下N_2O通量显著提升（$P < 0.01$），各处理除了N2T0W0和N2T1W0外，N_2O通量均为第2次和第3次采样均显著高于第1次（$P < 0.01$），且第2次和第3次采样间N_2O通量没有显著差异，不同的是，T0条件下各处理第3次采样N_2O通量小于第2次，而T1条件下相反。在3次采样中相同N和T条件下，N_2O通量随W先增加后又减弱，且W1处理和W2处理的N_2O通量显著大于W0（$P < 0.05$），而W1和W2处理间没有显著差异。

表7-1 N、W、T及其交互作用对泥炭N_2O通量的影响

Table 7-1 Effect of N，W，T and their co-effect on peat N_2O flux

Treatment	df	F	P	偏 η^2
N	1	56.571	<0.001	0.252
T	1	7.984	0.007	0.042
W	2	16.203	<0.001	0.162
N × T	1	7.416	0.007	0.042
N × W	2	16.212	<0.001	0.162
T × W	2	2.061	0.13	0.024
N × T × W	2	2.058	0.13	0.024

注释：N，N添加；T，模拟通气组织；W，持水量条件。

Note：N，N addition；T，simulated aerenchyma；W，water holding capacity conditions.

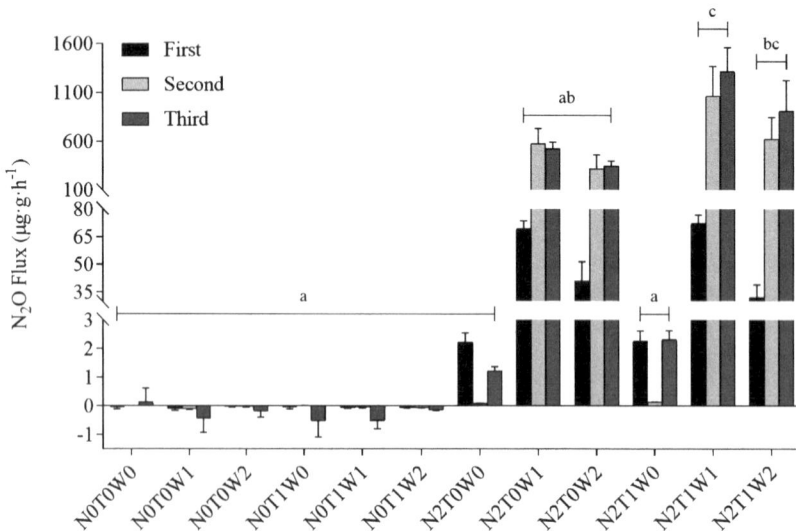

图7-2 N_2O通量（平均值 ± 标准误差，$n = 5$）

Figure 7-2 N_2O flux（mean ± SEM，$n = 5$）

注：N，N添加；T，模拟通气组织；W，不同持水量。不同的小写字母代表各个处理间具有显著差异（$P < 0.05$）。

Note：N，N addition；T，simulated aerenchyma；W，water holding capacity conditions. Different lowercase letters represent significant differences among the treatments（$P < 0.05$）.

7.3.2 环境因子

各处理3次采样TC含量有递增趋势（见图7-3），其中N0T0W1、N0T0W2、N0T1W0、N0T1W2、N2T0W2、N2T1W0、N2T1W2处理第1次与第3次TC含量有显著差异（$P < 0.05$），N2T0W0处理第1次与第2次TC含量有显著差异（$P = 0.02$），所有处理第2次与第3次TC含量没有显著差异。在第1次采样中，N0T1W2和N2T1W2之间TC含量有显著差异（$P = 0.03$），在第2次采样中，N0T1W2和N2T0W0，N0T1W2和N2T0W1之间TC含量有显著差异（$P < 0.005$）；第3次采样中，N0T1W0和N2T0W0，N0T1W0和N2T0W1之间TC含量有显著差异（$P < 0.01$）。表7-3中，仅N添加对TC有显著影响，并且对TC变化的贡献最大。

土壤TN含量受N添加的影响最大（见表7-4），其次是W，处理T对TN含量没有显著影响。没有N添加处理的TN含量显著低于有N添加的处理（$P < 0.05$），且3次取样 N_2O 通量之间没有显著差异。有N添加的处理中，N2T1W0处理第1次和第2次采样TN含量显著高于第3次（$P < 0.01$），其他处理虽然3次采样之间TN含量无显著差异，但几乎所有处理均有前两次TN含量大于第3次的趋势。施N时，在相同N和T的条件下，TN随W的增加而减少；相同N和W的条件下，有无T对TN的影响不显著，同样地，N和W及其交互作用对TN的变化贡献最大，而T没有显著的影响（见表7-4）。

不施N处理的C：N显著高于施N的处理（$P < 0.05$），所有处理3次C：N之间没有显著差异，但是均表现出第3次C：N高于前两次。对C：N变化贡献最大的是N和W以及T和W的交互作用。施N的处理 NH_4^+-N 含量显著高于不施N的处理，各处理3次采样之间 NH_4^+-N 含量没有显著差异，在施N条件下，相同N和T的处理随W的增加，NH_4^+-N 含量表现出先增加后减少的趋势，其中N2T0W1和N2T1W1处理 NH_4^+-N 含量显著高于其他处理，N2T0W0和N2T1W0处理 NH_4^+-N 含量最低。N、W及其交互作用对 NH_4^+-N 含量的影响显著，其中N添加的影响最大，其次为W，$N \times W$ 的影响最小（见表7-6）。NO_3^--N 含量的变化与 NH_4^+-N 含量的变化几乎一致，其中除N2T0W0和N2T1W0处理，其他处理 NO_3^--N 含量均随采样时间而降低，且第3次采样的 NO_3^--N 含量显著低于前两次（$P < 0.05$）。不同的是，$N \times W$ 的影响要

大于单独 W 的影响（见图 7-7、表 7-7）。

各处理 3 次采样 DOC 含量之间无显著差异，但均表现出第 3 次 DOC 含量最高。同次采样不同处理间（固定任意两个因子不变的情况下）DOC 含量无显著差异，第 3 次采样中 N2T1W0 和 N2T1W2 处理间 DOC 含量具有显著差异（见图 7-8）。表 7-8 中，仅 W 对 DOC 含量有显著影响，且影响最大。

表 7-2　所有因子间的相关性

Table 7-2　Correlation among the all factors

	Flux	DOC	TN	TC	C∶N	NO_3^--N	NH_4^+-N
Flux							
DOC	0.281***						
TN	0.310***	0.085					
TC	0.225**	0.158	−0.455***				
C∶N	−0.322***	−0.058	−0.927***	0.525***			
NO_3^--N	0.325***	0.110	0.845***	−0.339***	−0.830***		
NH_4^+-N	0.465***	0.814***	0.814***	−0.225**	−0.825***	0.961***	

注：显著性水平：***$P < 0.01$，**$P < 0.05$。

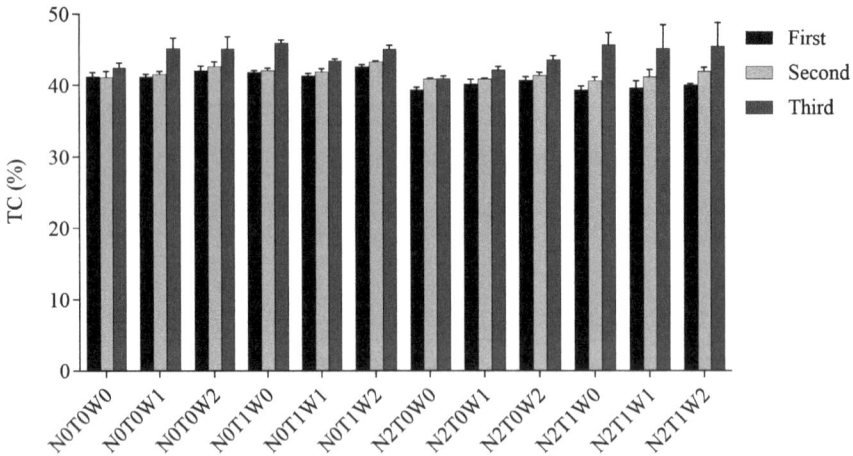

图 7-3　TC 含量（平均值 ± 标准误差，$n = 3$）

Figure 7-3　TC content（mean ± SEM，$n = 3$）

注：N，N 添加；T，模拟通气组织；W，不同持水量。不同的小写字母代表各个处理间具有显著差异（$P < 0.05$）。

Note: N, N addition; T, simulated aerenchyma; W, water holding capacity conditions. Different lowercase letters represent significant differences among the treatments（$P < 0.05$）.

表7-3　N、W、T及其交互作用对总碳（TC）含量的影响

Table 7-3　Effect of N，W，T and their co-effect on TC content

Treatment	df	F	P	偏 η^2
N	1	6.751	0.011	0.066
T	1	3.051	0.084	0.031
W	2	1.984	0.143	0.040
N×T	1	0.295	0.588	0.003
N×W	2	0.082	0.921	0.002
T×W	2	0.853	0.437	0.017
N×T×W	2	0.262	0.770	0.005

注：N，N添加；T，模拟通气组织；W，持水量条件。

Note：N，N addition；T，simulated aerenchyma；W，water holding capacity conditions.

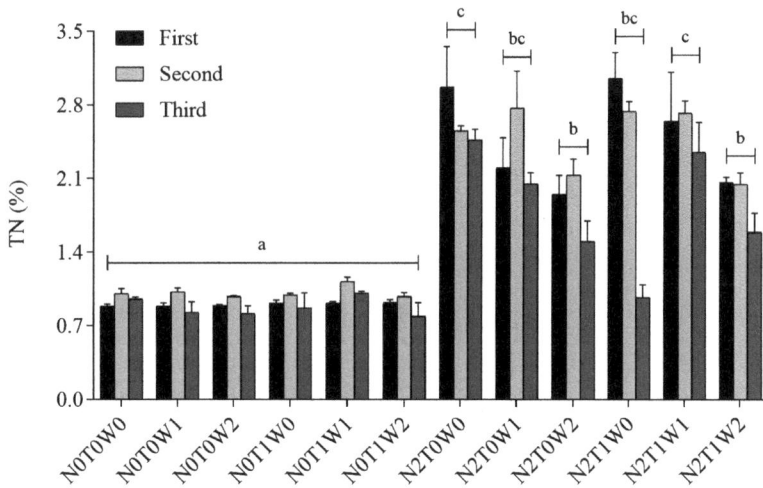

图7-4　TN含量（平均值 ± 标准误差，$n=3$）

Figure 7-4　TN content（mean ± SEM，$n=3$）

注：N，N添加；T，模拟通气组织；W，不同持水量。不同的小写字母代表各个处理间具有显著差异（$P<0.05$）。

Note：N，N addition；T，simulated aerenchyma；W，water holding capacity conditions. Different lowercase letters represent significant differences among the treatments（$P<0.05$）.

表7-4　N、W、T及其交互作用对总氮（TN）含量的影响

Table 7-4　Effect of N，W，T and their co-effect on TN content

Treatment	df	F	P	偏 η^2
N	1	283.662	<0.001	0.747
T	1	0.014	0.908	0.000

Treatment	df	F	P	偏 η^2
W	2	7.063	0.001	0.128
N × T	1	0.214	0.644	0.002
N × W	2	4.806	0.010	0.091
T × W	2	1.978	0.144	0.040
N × T × W	2	1.015	0.366	0.021

注：N，N添加；T，模拟通气组织；W，持水量条件。

Note：N，N addition；T，simulated aerenchyma；W，water holding capacity conditions.

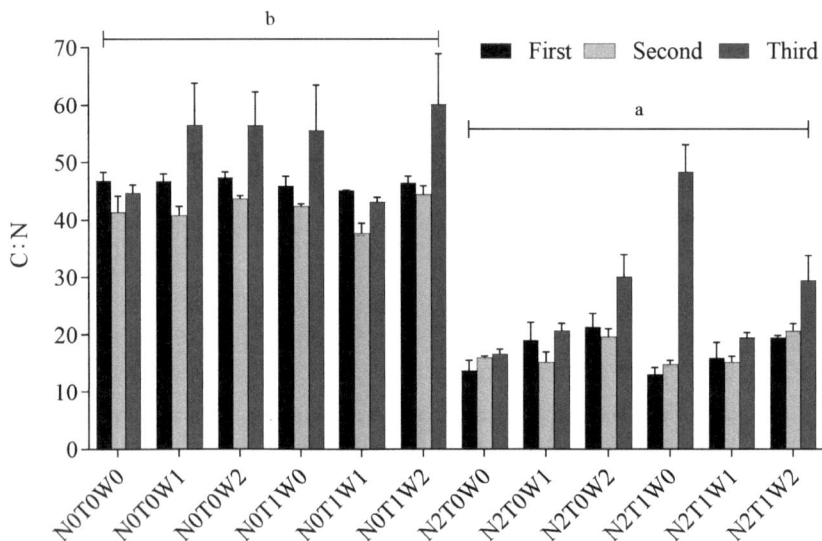

图 7-5　C ：N（平均值 ± 标准误差，n =3）

Figure 7-5　C ：N among the treatments（mean ± SEM，n = 3）

注：N，N添加；T，模拟通气组织；W，不同持水量。不同的小写字母代表各个处理间具有显著差异（$P < 0.05$）。

Note：N，N addition；T，simulated aerenchyma；W，water holding capacity conditions. Different lowercase letters represent significant differences among the treatments（$P < 0.05$）.

表7-5　N、W、T及其交互作用对C：N的影响

Table 7-5　Effect of N，W，T and their co-effect on C：N

Treatment	df	F	P	偏 η^2
N	1	283.154	<0.001	0.747
T	1	0.537	0.465	0.006
W	2	3.851	0.025	0.074

续　表

Treatment	df	F	P	偏 η^2
N × T	1	0.914	0.334	0.010
N × W	2	0.102	0.903	0.002
T × W	2	3.813	0.025	0.074
N × T × W	2	0.597	0.552	0.012

注：N，N添加；T，模拟通气组织；W，持水量条件。

Note：N，N addition；T，simulated aerenchyma；W，water holding capacity conditions.

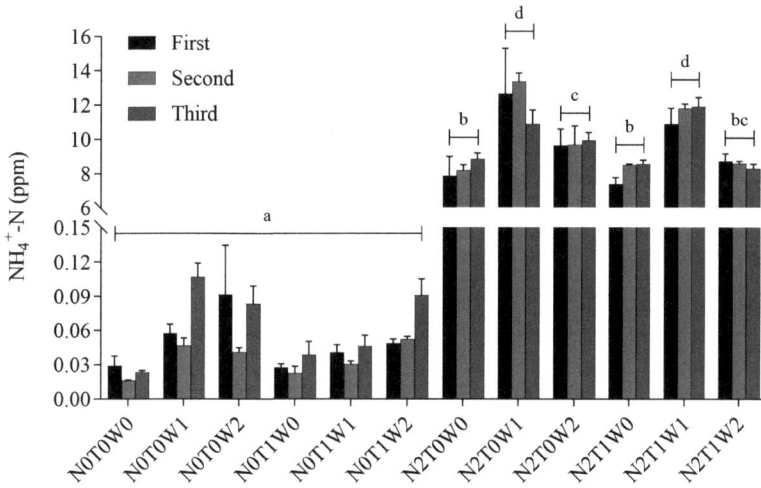

图 7-6　NH₄⁺-N 含量（平均值 ± 标准误差，n =3）

Figure 7-6　NH₄⁺-N content（mean ± SEM，n = 3）

注：N，N添加；T，模拟通气组织；W，不同持水量。不同的小写字母代表各个处理间具有显著差异（P < 0.05）。

Note：N，N addition；T，simulated aerenchyma；W，water holding capacity conditions. Different lowercase letters represent significant differences among the treatments（P< 0.05）.

表7-6　N、W、T及其交互作用对NH₄⁺-N含量的影响

Table 7-6　Effect of N，W，T and their co-effect on NH₄⁺-N content

Treatment	df	F	P	偏 η^2
N	1	2553.812	<0.001	0.964
T	1	3.510	0.064	0.035
W	2	33.469	<0.001	0.411
N × T	1	3.307	0.072	0.033
N × W	2	32.831	<0.001	0.406
T × W	2	0.639	0.530	0.013

Treatment	df	F	P	偏 η^2
N × T × W	2	0.595	0.554	0.012

注：N，N添加；T，模拟通气组织；W，持水量条件。

Note：N，N addition；T，simulated aerenchyma；W，water holding capacity conditions.

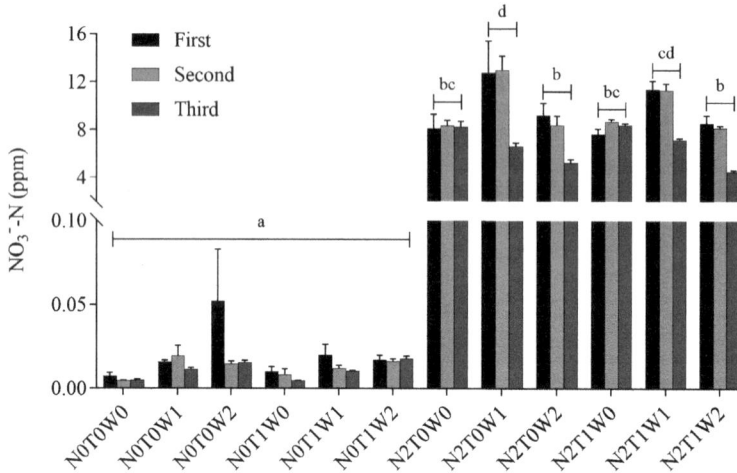

图 7-7　NO_3^--N 含量（平均值 ± 标准误差，$n=3$）

Figure 7-7　NO_3^--N content（mean ± SEM，$n=3$）

注：N，N添加；T，模拟通气组织；W，不同持水量。不同的小写字母代表各个处理间具有显著差异（$P<0.05$）。

Note：N，N addition；T，simulated aerenchyma；W，water holding capacity conditions. Different lowercase letters represent significant differences among the treatments（$P<0.05$）.

表7-7　N、W、T及其交互作用对NO_3^--N含量的影响

Table 7-7　Effect of N，W，T and their co-effect on NO_3^--N content

Treatment	df	F	P	偏 η^2
N	1	773.159	<0.001	0.890
T	1	0.567	0.453	0.006
W	2	8.270	<0.001	0.147
N × T	1	0.551	0.460	0.006
N × W	2	8.314	<0.001	0.148
T × W	2	0.161	0.851	0.003
N × T × W	2	0.157	0.855	0.003

注：N，N添加；T，模拟通气组织；W，持水量条件。

Note：N，N addition；T，simulated aerenchyma；W，water holding capacity conditions.

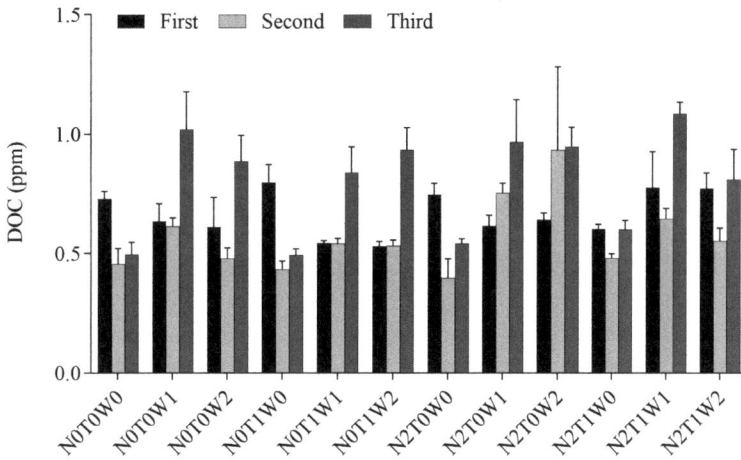

图 7-8　DOC 含量（平均值 ± 标准误差，n =3）

Figure 7-8　DOC content（mean ± SEM，n = 3）

注：N，N 添加；T，模拟通气组织；W，不同持水量。不同的小写字母代表各个处理间具有显著差异（$P < 0.05$）。

Note：N，N addition；T，simulated aerenchyma；W，water holding capacity conditions. Different lowercase letters represent significant differences among the treatments（$P < 0.05$）.

表 7-8　N、W、T 及其交互作用对可溶性有机碳（DOC）含量的影响

Table 7-8　Effect of N，W，T and their co-effect on DOC content

Treatment	df	F	P	偏 η^2
N	1	3.124	0.080	0.032
T	1	0.450	0.504	0.005
W	2	7.936	0.001	0.142
N × T	1	0.007	0.932	0.000
N × W	2	0.909	0.406	0.019
T × W	2	0.230	0.795	0.005
N × T × W	2	1.192	0.308	0.024

注：N，N 添加；T，模拟通气组织；W，持水量条件。

Note：N，N addition；T，simulated aerenchyma；W，water holding capacity conditions.

7.3.3　相关性

各因子相关性见表 7-1，N_2O 通量与所有环境因子具有显著相关性，其中除 C∶N 外，与剩余所有因子呈显著正相关，与 NH_4^+-N 含量相关性最高。从左向右，DOC 含量与 NH_4^+-N 含量显著正相关；TN 与 TC、C∶N 显著负相关，与 NH_4^+-N 含

量和 $NO_3^- - N$ 含量呈显著正相关；TC 含量与 C∶N 显著正相关，与 $NH_4^+ - N$ 含量和 $NO_3^- - N$ 含量呈显著负相关；C∶N 与 $NH_4^+ - N$ 含量和 $NO_3^- - N$ 含量呈显著负相关；$NH_4^+ - N$ 含量和 $NO_3^- - N$ 含量呈显著正相关。

7.4　讨论

7.4.1　泥炭 N_2O 通量对养分、水分和模拟植被条件的响应

以泥炭藓为主要植被类型的贫营养型泥炭地之所以 N_2O 的通量很低，甚至表现为负通量，主要是由于养分的限制导致产生 N_2O 的生物化学过程缺乏反应底物[17~22]。从我们的结果中可以看到，N 添加相对于其他两个因子，对泥炭 N_2O 通量贡献最大，这验证了我们的第一个假设。从前文的描述中我们发现，无论是硝化作用还是生物反硝化或者是非生物反硝化作用，N 素是必不可少的发生条件，其多少将直接影响 N_2O 通量的大小。图 7-2 可以表明，无论其他条件适宜与否，没有 N 添加的处理 N_2O 通量几乎为 0，从表 7-2 中可以发现，N_2O 通量与 $NO_3^- - N$ 和 $NH_4^+ - N$ 含量呈显著正相关，这都证明了上述观点。Amha 和 Bohen 的室内实验发现，N_2O 通量随着 NO_3^- 含量的增加而显著增加[73, 85]。Cui 等的室内实验证明了冻融条件下泥炭 N_2O 通量与土壤 NO_3^- 含量有正相关关系[84]。N 添加的处理 $NO_3^- - N$ 浓度 3 次采样间有逐渐降低的趋势，其中 N2T0W1、N2T1W1 和 N2T1W2 处理的第 3 次采样 $NO_3^- - N$ 浓度显著低于前 2 次，各处理 $NH_4^+ - N$ 浓度 3 次采样间没有显著差异以及明显的上升或者下降趋势，这可能说明哈泥泥炭地 N_2O 排放主要受反硝化作用的调控，NO_3^- 不断在被消耗，但没有发生硝化反应消耗 NH_4^+ 为其补充 NO_3^-。有研究发现，当土壤含水量在 70% 以下时土壤产生 N_2O 的途径以硝化作用为主，土壤含水量大于 70% 时，N_2O 的主要来源是反硝化作用[71]。Chapuis 等的综述中也提到，湿地由于特殊的水文条件导致主导 N_2O 通量变化最主要的是反硝化作用[59]。

适宜的水分条件才会使硝化或者反硝化作用发生，过湿或者过干都不利于 N_2O 排放[85]。我们的结果中，N 和 T 相同的条件下，W0 处理的 N_2O 通量最低，W1 最高，但 W2 条件下 N_2O 通量有所降低，这也验证了我们的第二条假设。Lin 等的研究发现，欧洲泥炭地 N_2O 排放受水分和养分条件的双重调控，它们的交互作用对泥炭地 N_2O 排放以及碳汇的威胁非常大，N 添加的情况下水位的波动会产生大量的 N_2O[245]。

在我们的研究中同样发现，养分和水分条件的交互作用（N×W）对泥炭N_2O通量的影响仅次于N添加，而且N2W1处理的N_2O通量均较高。有一项研究中提到，泥炭地N动态是靠水文条件来调控的[246]。Liu等的室内实验中同样发现，当土壤持水力低于60％时土壤几乎没有N_2O排放，土壤持水力大于80％时，N_2O的排放减弱，只有在60％~80％持水力之间时，N_2O排放才逐渐增加，他们认为主导N_2O被还原的nosZ基因在淹水环境下丰度更大导致N_2O被消耗[59, 60, 85, 86]。W1条件下NH_4^+和NO_3^-浓度均最高，虽然统计学上没有显著差异，但这表明适宜的水分条件下更适宜分解的发生，有机N的矿化导致土壤中可利用N的含量增加，表7-2中NH_4^+-N与DOC呈显著正相关和表7.8中W对DOC的影响最大均可以说明上述观点。有研究表明，泥炭地从淹水状态下排水会加速N的矿化从而导致N_2O的排放大幅度增加[70]。Xue等对泥炭地长期排水对温室气体交换影响的研究中提到，处于淹水环境的泥炭地由于长期排水导致的厌氧环境被破坏会刺激N_2O等温室气体的排放[105]。

在其他条件相同的条件下，有模拟通气组织的处理N_2O排放要高于没有通气组织的处理，尽管在统计学上没有意义，但是在第3次采样中，N2T1W1的通量要显著高于N2T0W1的通量，这验证了我们的第三个假设。我们还发现，在其他条件相同的条件下有T的处理NH_4^+-N要低于没有T的处理，这可能说明氧气通过模拟的通气组织扩散到了土壤中，这在一定程度上缓解了土壤中的厌氧状态，硝化作用在此时可能发生，在表7-6中T对NH_4^+-N的浓度有边际效应可以说明这一点。N添加的处理NO_3^-浓度随时间的下降，说明反硝化反应也比较强烈，二者为N_2O排放的共同贡献，导致T1条件下N_2O通量较高。Gong等以及Le等的研究中提到，泥炭地维管植物的增多对N_2O通量的影响可通过两个方面，一方面正如上文中我们所提到的，通气组织可以像根际输送氧气，改善根际通气条件导致N_2O排放增加；另一方面则是通气组织可以为N_2O的排放提供通路，导致其排放增加[41, 58, 107, 138]。全球变化引起的大气N沉降的增加会促进维管植物的增多（见表7-1），二者的交互作用最终会促进N_2O的排放增加，刺激泥炭地成为N_2O的源，植被组成的变化对泥炭地N_2O通量的调控作用不容小觑[43]。

7.4.2　全球变化对泥炭N_2O通量及非生物因子的长期和瞬时效应

全球变化对泥炭N_2O通量以及其他非生物因子的瞬时和累积影响不同。在我们的野外实验中，长期高水平N添加导致泥炭地成为N_2O的汇，我们认为这与长期淹

水导致 N_2O 被还原为 N_2 有关 [22, 59, 174]，水分条件的改变可能比N添加对 N_2O 通量的影响更大，但从室内短期实验中发现，虽然N2W2处理的 N_2O 排放相较于N2W1处理有所降低，但也是显著的 N_2O 排放，并没有出现吸收现象。本实验中W0条件下的土壤含水量与野外哈泥泥炭地天然状态土壤含水量接近，从图7-2中我们看到，N2W0条件下 N_2O 通量仍然很低，而W2条件下土壤含水量的变化导致土壤的通气条件更适宜 N_2O 的产生和排放，但这样脉冲式的排放是瞬间的，如上文所述，长期淹水仍会导致 N_2O 被还原为 N_2，如N2W2处理，N_2O 通量逐渐变小，最终变为负通量，变为 N_2O 的吸收。Meng等的室内实验发现，N添加引起的温带湿地土壤 N_2O 脉冲式的排放现象会出现在实验刚开始的第一周，他们认为短期内土壤孔隙水 NH_4^+ 和 NO_3^- 富集导致了上述现象 [247]，同样地，一项泥炭地施肥实验显示，$100\ kg\ N\ ha^{-1}\ a^{-1}$ 的施肥量只是短期内增加了 N_2O 的通量，N_2O 排放对长期（4年）N添加没有显著响应，他们认为短期脉冲式的排放是泥炭地 N_2O 通量的特点 [248]。Rubol等的研究发现，长时间水饱和条件下土壤氧气含量的下降比短时间饱和情况下的下降更为严重，并且在深层比土壤表面的下降更为强烈，更强烈的淹水环境会促进 N_2O 被还原为 N_2 [246]。除了上述原因，还有一种可能性则是由于我们野外采样频率的原因，可能错过了 N_2O 排放的高峰期，导致我们的观测结果不全面。

所有处理之间DOC含量没有显著的差异，而每个处理3次采样之间有上升的趋势；在野外实验中，施N条件下的各个处理DOC含量与其他处理差异显著，这体现出了长期和短期模拟全球变化对泥炭累积和分解影响的不同，同时也说明了贫营养泥炭地泥炭的分解在全球变化初期，例如大气N沉降的增加不显著，表7-8中仅W对DOC含量有显著的影响，这也说明了上述观点 [246]。

7.5　本章小结

全球变化引起的泥炭地养分、水分和植被组成的变化直接影响泥炭地 N_2O 的产生和排放，由于其过程和机制比较复杂，很难排除其他因子的干扰，单独地去量化和讨论这3个因子及其交互作用对泥炭地 N_2O 通量的影响。本章通过短期室内实验，设计了不同梯度的N添加、土壤持水量和模拟植物通气组织条件，探究这3个因子单独及交互作用对泥炭 N_2O 净同量的影响，以及对比模拟全球变化对泥炭地 N_2O 通量的长期和瞬时效应的不同。研究发现，养分条件仍是影响泥炭地 N_2O 产生和排放最重要的控制因子，没有N添加的处理N_2O通量几乎为0，而有N添加的处理均有显著的N_2O排放。其次是水分条件的影响，N_2O排放随土壤持水量的增加先上升后下降；有无植物通气组织的影响最小，相同条件下，有通气组织的处理比没有的处理N_2O排放更强但是不显著。我们对比野外长期实验与室内短期实验发现，淹水状态下高水平N添加对N_2O通量累积和瞬时效应不同，N添加引起的瞬时效应仍会有大量N_2O排放。短期实验各处理DOC含量没有显著的变化，这可能说明了泥炭的分解是一个长期的累积效应。我们的研究还原了哈泥泥炭地模拟全球变化初期的瞬时效应，并且单独地量化了不同的养分、水分以及植被组成对泥炭地N_2O净通量及环境因子的影响和贡献，研究结果可以更全面地揭示全球变化对泥炭地N_2O源汇功能的影响过程和影响机制。

8　结论、不足与展望

8.1 主要结论

长白山地区是我国山地泥炭地重要分布区之一，也是我国泥炭地学主要的研究区域之一。氧化亚氮（N_2O）作为三种重要的温室气体之一，尽管在大气中的含量很低，但是其增温潜势是二氧化碳（CO_2）的273倍。泥炭地作为巨大的氮库，是N_2O重要的潜在排放源，然而，有关长时间尺度上模拟全球变化对温带山地泥炭地N_2O源汇功能的影响，以及泥炭地生物和非生物因子对长期模拟全球变化的响应的研究还是比较少的，同时，由于野外实验的复杂性，很难将全球变化引起的泥炭地养分、水分以及植被条件的变化对N_2O的影响单独地剥离开。本研究选取长白山区哈泥泥炭地长期模拟全球变化（12年）实验平台，通过对N_2O通量以及样方内非生物因子包括土壤温度、土壤湿度、空气温度和水位埋深，生物因子包括泥炭藓盖度和维管植物盖度的两个生长季内的原位监测和调查，结合室内实验，包括对泥炭土壤理化性质与土壤酶活性的测定，探究长期增温、氮添加和磷添加及其三者的交互作用对泥炭地N_2O源汇功能的影响和生物和非生物因子对长期全球变化的响应；通过室内培养实验，探究养分、水分和植被条件地改变对泥炭N_2O通量的影响，以及长、短期全球变化对泥炭地N_2O源汇功能的累积和瞬时影响的不同。

我们得到的主要结论如下：

（1）我们通过开顶式增温棚（OTC）长期模拟全球变化引起的气候变暖，探究增温对泥炭地N_2O源汇功能的影响，以及泥炭地生物和非生物因素对气候变化的响应。我们的研究发现，哈泥泥炭地在整个生长季不是一个N_2O的源，而趋近于是一个弱的N_2O的汇；约0.6 ℃的生长季增温将会刺激泥炭地土壤酶活性，加速泥炭的分解，促进可溶性碳组分（DOC）的流失，改善泥炭土壤养分条件，改变泥炭地植被组成，促进维管植物的生长，抑制泥炭藓的生长，最终导致N_2O排放显著增加。我们通过结构方程模型发现增温对泥炭地N_2O源汇功能的影响可能是通过直接影响N_2O的产生过程和间接影响N_2O的排放过程来实现的。我们的研究表明，增温会强烈影响泥炭地N_2O的通量，使泥炭地成为一个显著的N_2O源，这可能会进一步加剧全球变暖的速度。

（2）本研究通过对哈泥泥炭地长期模拟全球变化样地中的P添加以及增温条件

下 P 添加样方生长季 N_2O 通量的监测，以及生物和非生物因子的测定，探究长期 P 添加及其与增温的交互作用对泥炭地 N_2O 源汇功能的影响，以及泥炭地生物和非生物因子对 P 添加及其与增温的交互作用的响应。我们的研究发现，长期低水平 P 添加（ $5 \ kg \ P \ ha^{-1} \ a^{-1}$ ）通过刺激微生物和水解酶活性，增加微生物对可利用 C、N 的需求，进而加速泥炭的分解，改善土壤营养可利用性，而且由于 P 的添加解除了喜磷植物的 P 限制，增加了维管植物的盖度，从而改变泥炭地凋落物输入的组成成分和品质，为产生 N_2O 的生物化学过程提供养分来源，促进 N_2O 的产生，而且维管植物的通气组织又可以为 N_2O 的排放提供排放通路，综上几点，P 的添加导致泥炭地趋近于一个 N_2O 的源；高水平 P 添加（ $10 \ kg \ P \ ha^{-1} \ a^{-1}$ ）同样通过刺激胞外酶活性，促进泥炭的分解，改变土壤化学计量比，缓解了反硝化作用的养分限制，相较于低水平 P 添加，高水平 P 添加带来的更加适宜的条件，致使 N_2O 被还原为 N_2 ，最终导致高水平 P 添加下泥炭地更趋近于一个 N_2O 的汇。P 添加与增温的交互作用结合了增温和 P 添加对 N_2O 产生和排放的正效应，尤其是增温条件下高水平 P 添加强烈促进了泥炭地 N_2O 的排放，改变了泥炭地 N_2O 的源汇功能，使泥炭地成为一个显著的 N_2O 的源。我们的研究表明，全球变化引起的增温和 P 沉降的增加将改变泥炭地养分条件和植被组成，从而大大刺激泥炭地 N_2O 的排放潜力，使泥炭地 N_2O 的汇功能受到严重威胁。

（3）本研究通过对哈泥泥炭地长期模拟全球变化样地中的 N 添加以及增温条件下 N 添加样方生长季 N_2O 通量的监测，以及生物和非生物因子的测定，探究长期 N 添加及其与增温的交互作用对泥炭地 N_2O 源汇功能影响，以及泥炭地生物和非生物因子对 N 添加及其与增温的交互作用的响应。研究发现，长期低水平 N 添加（ $50 \ kg \ N \ ha^{-1} \ a^{-1}$ ）及其与增温的交互作用通过刺激胞外酶活性，加速泥炭的分解，为反硝化作用提供可利用的 C、N 底物，导致 N_2O 排放显著增加，使泥炭地成为一个 N_2O 的源；而高水平 N 添加（ $100 \ kg \ N \ ha^{-1} \ a^{-1}$ ）及其与增温的交互作用虽然具有与低水平 N 添加对泥炭地 N_2O 排放相同的正效应，但是由于受到水分条件的限制，导致生长季 N_2O 通量表现出强烈的吸收效应，使泥炭地成为一个显著的 N_2O 的汇，但是增温会在一定程度上缓解高水平 N 添加导致的 N_2O 吸收效应。我们发现，长期 N 添加将会改变泥炭地植被组成，不仅会加速泥炭藓的死亡，同时还会抑制维管植物的生长，泥炭藓的死亡将会导致水位被动升高，进而影响泥炭地 N_2O 的源汇功能。此外，泥炭地 N_2O 通量季节变化明显，而水位埋深的季节性变化是导致这些变化的关键环境因素。我们的研究表明，长期全球变化特别是 N 沉降可能强烈影响

泥炭地的 N_2O 的通量，改变泥炭地 N_2O 的源汇功能，而其作用可能是通过影响水文或植被来间接实现的。

（4）本研究通过对哈泥泥炭地长期模拟全球变化样地中不同水平 N、P 共同添加样方的生长季 N_2O 通量，以及生物和非生物因子的连续观测，探究长期 N、P 共同添加对泥炭地 N_2O 源汇功能的影响，以及泥炭地生物和非生物因子对 N、P 共同添加的响应。研究显示，泥炭地 N_2O 的排放和吸收是受不同的生物和非生物因子调控的，不同剂量的 N、P 共同添加对 N_2O 产生、排放和吸收有着不同的影响。通过方差分析和之前研究中的结构方程模型发现，N 添加主要通过影响土壤酶活性，加速泥炭的分解速度，改变土壤化学计量比和可利用营养底物浓度，进而去调控泥炭地 N_2O 的净通量，而 P 添加通过改变泥炭地植物组成和凋落物输入的组成成分和品质来影响 N_2O 的净通量。低水平的 N 与不同水平 P 的共同添加对泥炭地 N_2O 源汇功能没有显著的影响，低水平 N 与高水平 P 的共同添加甚至使泥炭地趋向于一个 N_2O 的汇；而高水平的 N 与不同水平 P 的共同添加显著刺激了泥炭地 N_2O 的排放，使泥炭地成为显著的 N_2O 的源。我们有理由相信，随着全球变化和人类活动的加剧，泥炭地养分有效性的增加严重影响了泥炭地 C、N、P 的循环以及植被组成和微生物胞外酶活性，这会刺激泥炭地 N_2O 的排放潜力，使之成为 N_2O 的强烈排放源。

（5）通过短期室内实验，设计了不同梯度的 N 添加、土壤持水量和模拟植物通气组织条件，探究这 3 个因子单独及交互作用对泥炭 N_2O 净同量的影响，以及对比模拟全球变化对泥炭地 N_2O 通量的长期和瞬时效应的不同。研究发现，养分条件仍是影响泥炭地 N_2O 产生和排放最重要的控制因子，没有 N 添加的处理 N_2O 通量几乎为 0，而有 N 添加的处理均有显著的 N_2O 排放；其次是水分条件的影响，N_2O 排放随土壤持水量的增加先上升后下降；有无植物通气组织的影响最小，相同条件下，有通气组织的处理比没有的处理 N_2O 排放更强但是不显著。我们对比野外长期实验与室内短期实验发现，淹水状态下高水平 N 添加对 N_2O 通量累积和瞬时效应不同，N 添加引起的瞬时效应仍会有大量 N_2O 排放。短期实验各处理间 DOC 浓度相较于野外长期实验没有显著的差异，这可能说明在全球变化的不同时期影响泥炭分解的控制因子是不同的。我们的研究还原了哈泥泥炭地模拟全球变化初期的瞬时效应，并且单独地量化了养分、水分以及不同的植被组成对泥炭地 N_2O 净通量及环境因子的影响和贡献，我们的研究结果可以更全面地揭示全球变化对泥炭地 N_2O 源汇功能的影响过程和影响机制。

8.2 不足

本研究通过 N_2O 气体通量数据，结合地上植被组成的调查以及地下土壤理化性质和土壤酶活性的测定，使我们对泥炭地 N_2O 的产生、排放和吸收过程，以及泥炭地在全球变化背景下 N_2O 的源汇功能有了一定的了解和认知。然而，由于实验设计、观测条件以及实验方法等方面存在限制，导致本研究主要存在以下不足：

首先，我们研究样地的样方主要布置在了藓丘之上，而没有覆盖泥炭地其他微地貌类型，例如丘间和藓坪生境，因此我们野外原位监测的气体通量结果可能不能完全反映整个泥炭地总体 N_2O 的排放特征。由于藓丘生境具有较低的水位，上述其他两种生境则表现为较高的水位，而 N_2O 通量通常受水分条件的调控，更低的水位不利于 N_2O 的产生和排放，这可能会导致我们低估了泥炭地 N_2O 的排放潜力，同时也会影响其他处理包括增温、氮添加和磷添加对 N_2O 通量的影响。

其次，在实验开展的第一年（2018年），样地内尚未铺设栈道，这导致在原位监测 N_2O 通量时采样人员的来回走动、踩踏对气体通量以及土壤物理结构有一定的干扰，分析数据时发现数据的重复性较低且出现较多的异常值，因此本研究中没有对第一年的气体观测数据和其他生物、非生物因子测定结果进行展示和讨论。在实验开展的第二年，样地内成功铺设栈道，原位监测过程十分顺利，这在一定程度上弥补了第一年数据缺失的遗憾。

另外，由于 N_2O 在大气中的含量较低，野外原位监测实验相较于 CO_2 和 CH_4 具有一定的困难和不确定性，所以在设计实验时一般考虑采用较多的样本重复数来提高数据的可用性。本实验综合考虑野外实验的工作量以及实验数据的可重复性，最终决定每个处理设置4个重复，可是在进行数据处理和分析时还是出现了部分 N_2O 通量数据重复性不高的问题，这在一定程度上影响了某些数据的正态性和方差齐次性。

8.3 展望

本研究通过长期模拟全球变化，探究了增温和不同水平氮、磷添加及其交互作用对温带山地泥炭地 N_2O 源汇功能的影响，以及泥炭地生物和非生物因子对全球变化的响应。本研究选择了过渡型泥炭地作为研究区，在将来的工作中考虑选择长白山区其他类型的泥炭地，例如选择雨养型和矿养型泥炭地开展相关温室气体观测工作，这将丰富和延展本实验的内容和结果，加深对全球变化下泥炭地 N_2O 源汇功能的理解。

本研究的结果表明天然泥炭地由于自身的环境条件导致其表现为 N_2O 的汇，或者说是一个潜在的 N_2O 源，但是受人类活动影响的泥炭地 N_2O 源汇功能特征我们还是知之甚少，例如对受农业和放牧影响的泥炭地，或者对受人为采集泥炭藓影响的泥炭地 N_2O 通量特征还不是很了解，这还需开展进一步的工作去探索研究。

在本研究中我们探讨了三种水解酶和一种氧化酶对全球变化的响应以及对泥炭地 N_2O 通量的影响，而直接影响 N_2O 产生、排放和吸收的相关胞外酶活性，以及其他有关微生物学指标我们没有进行测定，在今后的工作中可以继续开展有关微生物学的工作，更为深入地去探究全球变化下泥炭地 N_2O 产生和排放机制，从而丰富我们的研究结果。

我们强调了植被组成对泥炭地 N_2O 通量的影响，而全球变化引起的气候变暖会显著影响泥炭地，尤其是高海拔泥炭地的植被物候，在今后的实验设计或者工作中我们可以考虑不同植被物候，以及气候变暖下植被物候的变化对泥炭地 N_2O 源汇功能的影响及其背后的机制。

此外，从本实验结果中可以发现，增温对泥炭地 N_2O 源汇功能的影响是显著的，但是利用被动式的开顶增温棚模拟全球变化引起变暖的效果有限，而且结果有很多的不确定性，因此在未来设计和开展相关实验及工作时考虑选择其他增温方式来实现模拟气候变暖，例如通过海拔梯度来模拟天然增温，或者利用主动增温的方式，例如在土壤中埋放加热棒等，这可以更有效地模拟增温，提高增温幅度，从而更精确、更科学地预测未来全球变化背景下气候变暖对泥炭地 N_2O 源汇功能的影响。

参考文献

[1] IPCC. Summary for Policymakers[R]// Climate Change 2022：Mitigation of Climate Change. Contribution of Working Group III to the Sixth Assessment Report of the Intergovernmental Panel on Climate Change. Cambridge University Press，Cambridge，UK and New York，NY，USA，2022.

[2] IPCC. Climate Change 2013：The Physical Science Basis. Contribution of Working Group I to the Fifth Assessment Report of the Intergovernmental Panel on Climate Change[R]. Cambridge，United Kingdom and New York，NY，USA：Cambridge University Press，2013.

[3] RAVISHANKARA A R，DANIEL J S，PORTMANN R W. Nitrous oxide（N_2O）：the dominant ozone-depleting substance emitted in the 21st century[J]. Science，2009，326（5949）：123-125.

[4] RUSTAD L E，CAMPBELL J L，MARION G M，et al. A meta-analysis of the response of soil respiration，net nitrogen mineralization，and aboveground plant growth to experimental ecosystem warming[J]. Oecologia，2001，126（4）：543-562.

[5] 马学慧. 湿地的基本概念[J]. 湿地科学与管理，2005，1（1）：56-57.

[6] CHMURA G L，ANISFELD S C，CAHOON D R，et al. Global carbon sequestration in tidal，saline wetland soils[J]. Global Biogeochemical Cycles，2003，17（4）：1-11.

[7] 王洋，刘景双，孙志高，等. 湿地系统氮的生物地球化学研究概述[J]. 湿地科学，2006，4（4）：311-320.

[8] 卜兆君，王升忠，谢宗航. 泥炭沼泽学若干基本概念的再认识[J]. 东北师大学报（自然科学），2005，037（2）：105-110.

[9] GORHAM E. Northern peatlands：role in the carbon cycle and probable responses to climatic warming[J]. Ecological Applications，1991，1（2）：182-195.

[10] LIMPENS J，HEIJMANS M，BERENDSE F. The nitrogen cycle in boreal peatlands[J]. RK Wieder and DHVitt（eds）：Boreal Peatland Ecosystem Springer，Berlin，2006：195-230.

[11] YU Z，LOISEL J，BROSSEAU D P，et al. Global peatland dynamics since the Last Glacial Maximum[J]. Geophysical Research Letters，2010，37：69-73.

[12] 王铭，刘子刚，马学慧，等.世界泥炭分布规律[J].湿地科学，2013，11（3）：339-346.

[13] MA X，YIN C，WEN B，et al. Carbon reserves and emissions of peatlands in China [Z]. Beijing：Chinese Forestry Publishing House，2013.

[14] RYDIN H，JEGLUM J K，BENNETT K D. The biology of peatlands[M]. 2nd ed. Madison Avenue，New York：Oxford University Press，2013.

[15] RUDOLPH H，SAMLAND J. Occurrence and metabolism of sphagnum acid in the cell walls of bryophytes[J]. Phytochemistry，1985，24（4）：745-749.

[16] VAN BREEMEN N. How *Sphagnum* bogs down other plants[J]. Trends in ecology & evolution，1995，10（7）：270-275.

[17] YI B，LU F，BU Z-J. Nitrogen addition turns a temperate peatland from a near-zero source into a strong sink of nitrous oxide[J]. Plant，Soil and Environment，2022，68（1）：49-58.

[18] MARTIKAINEN P J，NYKÄNEN H，CRILL P，et al. Effect of a lowered water table on nitrous oxide fluxes from northern peatlands[J]. Nature，1993，366（6450）：51-53.

[19] WARD S E，OSTLE N J，OAKLEY S，et al. Warming effects on greenhouse gas fluxes in peatlands are modulated by vegetation composition[J]. Ecology Letters，2013，16（10）：1285-1293.

[20] DREWER J，LOHILA A，AURELA M，et al. Comparison of greenhouse gas fluxes and nitrogen budgets from an ombotrophic bog in Scotland and a minerotrophic sedge fen in Finland[J]. European Journal of Soil Science，2010，61（5）：640-650.

[21] BURGIN A J，GROFFMAN P M. Soil O_2 controls denitrification rates and N_2O yield in a riparian wetland[J]. Journal of Geophysical Research-Biogeosciences，2012，117：1-10.

[22] RÜCKAUF U，AUGUSTIN J，RUSSOW R，et al. Nitrate removal from drained and reflooded fen soils affected by soil N transformation processes and plant uptake[J]. Soil Biology and Biochemistry，2004，36（1）：77-90.

[23] LAMERS L P M，BOBBINK R，ROELOFS J G M. Natural nitrogen filter fails in polluted raised bogs[J]. Global Change Biology，2000，6（5）：583-586.

[24] MALMER N，WALLÉN B. Nitrogen and phosphorus in mire plants：variation during 50 years in relation to supply rate and vegetation type[J]. Oikos，2005，109（3）：539-554.

[25] BOBBINK R, HORNUNG M, ROELOFS J G M. The effects of air-borne nitrogen pollutants on species diversity in natural and semi-natural European vegetation[J]. Journal of Ecology, 1998, 86(5): 717-738.

[26] GUNNARSSON U, RYDIN H. Nitrogen fertilization reduces *Sphagnum* production in bog communities[J]. New Phytologist, 2000, 147(3): 527-537.

[27] GALLOWAY J N, COWLING E B. Reactive nitrogen and the world: 200 years of change[J]. A Journal of the Human Environment, 2002, 31(2): 64-71.

[28] CLYMO R S, HAYWARD P M. The Ecology of *Sphagnum*[J]. Springer, Netherlands, 1982: 229-289.

[29] REGINA K, NYKÄNEN H, MALJANEN M, et al. Emissions of N_2O and NO and net nitrogen mineralization in a boreal forested peatland treated with different nitrogen compounds[J]. Canadian Journal of Forest Research, 1998, 28(1): 132-140.

[30] LUND M, CHRISTENSEN T, MASTEPANOV M, et al. Effects of N and P fertilization on the greenhouse gas exchange in two northern peatlands with contrasting N deposition rates[J]. Biogeosciences, 2009, 6(10): 2135-2144.

[31] OKTARITA S, HERGOUALC'H K, ANWAR S, et al. Substantial N_2O emissions from peat decomposition and N fertilization in an oil palm plantation exacerbated by hotspots[J]. Environmental Research Letters, 2017, 12(10): 1-14.

[32] WALBRIDGE M R, NAVARATNAM J A. Phosphorous in boreal peatlands [M]// WIEDER R K, VITT D H. Boreal Peatland Ecosystems. Berlin: Springer. 2006: 231-258.

[33] WANG R, GOLL D, BALKANSKI Y, et al. Global forest carbon uptake due to nitrogen and phosphorus deposition from 1850 to 2100[J]. Global Change Biology, 2017, 23(11): 4854-4872.

[34] AERTS R, WALLÉN B, MALMER N, et al. Nutritional constraints on *Sphagnum*-growth and potential decay in northern peatlands[J]. Journal of Ecology, 2001, 89(2): 292-299.

[35] SÄURICH A, TIEMEYER B, DETTMANN U, et al. How do sand addition, soil moisture and nutrient status influence greenhouse gas fluxes from drained organic soils?[J]. Soil Biology and Biochemistry, 2019, 135: 71-84.

[36] WANG G, LIANG Y, REN F, et al. Greenhouse gas emissions from the Tibetan

alpine grassland: effects of nitrogen and phosphorus addition[J]. Sustainability, 2018, 10(12): 4454.

[37] SUNDARESHWAR P, MORRIS J, KOEPFLER E, et al. Phosphorus limitation of coastal ecosystem processes[J]. Science, 2003, 299(5606): 563-565.

[38] MORI T, OHTA S, ISHIZUKA S, et al. Effects of phosphorus addition with and without ammonium, nitrate, or glucose on N_2O and NO emissions from soil sampled under *Acacia mangium* plantation and incubated at 100% of the water-filled pore space[J]. Biology and Fertility of Soils, 2013, 49(1): 13-21.

[39] ABALOS D, VAN GROENIGEN J W, DE DEYN G B. What plant functional traits can reduce nitrous oxide emissions from intensively managed grasslands?[J]. Global Change Biology, 2018, 24(1): e248-e258.

[40] BARAL B, KUYPER T, VAN GROENIGEN J. Liebig's law of the minimum applied to a greenhouse gas: alleviation of P-limitation reduces soil N_2O emission[J]. Plant and Soil, 2014, 374(1): 539-548.

[41] LE T B, WU J, GONG Y, et al. Graminoid removal reduces the increase in N_2O fluxes due to nitrogen fertilization in a boreal peatland[J]. Ecosystems, 2021, 24(2): 261-271.

[42] SHEN Y, XU T, CHEN B, et al. Soil N_2O emissions are more sensitive to phosphorus addition and plant presence than to nitrogen addition and arbuscular mycorrhizal fungal inoculation[J]. Rhizosphere, 2021, 19: 100414.

[43] GONG Y, WU J. Vegetation composition modulates the interaction of climate warming and elevated nitrogen deposition on nitrous oxide flux in a boreal peatland[J]. Global Change Biology, 2021, 27(21): 5588-5598.

[44] CONANT R T, RYAN M G, ÅGREN G I, et al. Temperature and soil organic matter decomposition rates-synthesis of current knowledge and a way forward[J]. Global Change Biology, 2011, 17(11): 3392-3404.

[45] KUIJPER B, PEN I, WEISSING F J. A guide to sexual selection theory[J]. Annual Review of Ecology, Evolution, Systematics, 2012, 43: 287-311.

[46] FREEMAN C, LISKA G, OSTLE N J, et al. The use of fluorogenic substrates for measuring enzyme activity in peatlands[J]. Plant and Soil, 1995, 175(1): 147-152.

[47] SHACKLE V, FREEMAN C, REYNOLDS B. Carbon supply and the regulation of

enzyme activity in constructed wetlands[J]. Soil Biology and Biochemistry, 2000, 32 (13): 1935–1940.

[48] FREEMAN C, OSTLE N, FENNER N, et al. A regulatory role for phenol oxidase during decomposition in peatlands[J]. Soil Biology and Biochemistry, 2004, 36(10): 1663–1667.

[49] FREEMAN C, OSTLE N, KANG H. An enzymic'latch'on a global carbon store[J]. Nature, 2001, 409(6817): 149.

[50] MONTZKA S A, DLUGOKENCKY E J, Butler J H. Non–CO_2 greenhouse gases and climate change[J]. Nature, 2011, 476(7358): 43–50.

[51] TIAN H, XU R, CANADELL J G, et al. A comprehensive quantification of global nitrous oxide sources and sinks[J]. Nature, 2020, 586(7828): 248–256.

[52] SMITH P, MARTINO D, CAI Z, et al. Greenhouse gas mitigation in agriculture[J]. Philosophical Transactions of the Royal Society B–Biological Sciences, 2008, 363 (1492): 789–813.

[53] VITOUSEK P M, ABER J D, HOWARTH R W, et al. Human alteration of the global nitrogen cycle: sources and consequences[J]. Ecological Applications, 1997, 7(3): 737–750.

[54] BATJES N H. Total carbon and nitrogen in the soils of the world[J]. European Journal of Soil Science, 1996, 47(2): 151–163.

[55] BREMNER J M. Sources of nitrous oxide in soils[J]. Nutrient cycling in Agroecosystems, 1997, 49(1): 7–16.

[56] BARNARD R, LEADLEY P W, HUNGATE B A. Global change, nitrification, and denitrification: a review[J]. Global Biogeochemical Cycles, 2005, 19(1).

[57] CAI Y, DING W, XIANG J. Mechanisms of nitrous oxide and nitric oxide production in soils: a review[J]. Soils, 2012, 44(5): 712–718.

[58] GONG Y, WU J, VOGT J, et al. Warming reduces the increase in N_2O emission under nitrogen fertilization in a boreal peatland[J]. Science of the Total Environment, 2019, 664: 72–78.

[59] CHAPUIS–LARDY L, WRAGE N, METAY A, et al. Soils, a sink for N_2O? a review[J]. Global Change Biology, 2007, 13(1): 1–17.

[60] LIU H, LI Y, PAN B, et al. Pathways of soil N_2O uptake, consumption, and its

driving factors：a review[J]. Environmental Science and Pollution Research，2022，29（21）：30850–30864.

[61] 封克，殷士学. 影响氧化亚氮形成与排放的土壤因素[J]. 土壤学进展，1995，23（6）：35–42.

[62] 蔡延江，丁维新，项剑. 土壤N_2O和NO产生机制研究进展[J]. 土壤学进展，2012，44（5）：712–718.

[63] BAGGS E M. A review of stable isotope techniques for N_2O source partitioning in soils：recent progress，remaining challenges and future considerations[J]. Rapid Communications in Mass Spectrometry，2008，22（11）：1664–1672.

[64] KILLHAM K. Nitrification in coniferous forest soils[J]. Plant and Soil，1990，128（1）：31–44.

[65] KOWALCHUK G A，STEPHEN J R. Ammonia–oxidizing bacteria：a model for molecular microbial ecology[J]. Annual Review of Microbiology，2001，55：485–529.

[66] WRAGE N，VELTHOF G L，VAN BEUSICHEM M L，et al. Role of nitrifier denitrification in the production of nitrous oxide[J]. Soil Biology & Biochemistry，2001，33（12–13）：1723–1732.

[67] AMHA Y，BOHNE H J B，SOILS F O. Denitrification from the horticultural peats：effects of pH，nitrogen，carbon，and moisture contents[J]. 2011，47（3）：p.293–302.

[68] CHADDY A，MELLING L，ISHIKURA K，et al. Soil N_2O emissions under different N rates in an oil palm plantation on tropical peatland[J]. Agriculture，2019，9：1–18.

[69] UPDEGRAFF K，PASTOR J，BRIDGHAM S D，et al. Environmental and substrate controls over carbon and nitrogen mineralization in northern wetlands[J]. Ecological Applications，1995，5（1）：151–163.

[70] REGINA K，SILVOLA J，MARTIKAINEN P J. Short–term effects of changing water table on N_2O fluxes from peat monoliths from natural and drained boreal peatlands[J]. Global Change Biology，2010，5（2）：183–189.

[71] 颜晓元，施书莲，杜丽娟，等. 水分状况对水田土壤N_2O排放的影响[J]. 土壤学报，2000，4：482–489.

[72] WERNER C，KIESE R，BUTTERBACH–BAHL K. Soil–atmosphere exchange of N_2O，CH_4，and CO_2 and controlling environmental factors for tropical rain forest sites in western Kenya[J]. Journal of Geophysical Research–Atmospheres，2007，112（D3）.

[73] AMHA Y, BOHNE H. Denitrification from the horticultural peats: effects of pH, nitrogen, carbon, and moisture contents[J]. Biology and Fertility of Soils, 2011, 47 (3): 293–302.

[74] KNOWLES R. Denitrification[J]. Microbiological reviews, 1982, 46(1): 43–70.

[75] YIN C, FAN X, YAN G, et al. Gross N_2O production process, not consumption, determines the temperature sensitivity of net N_2O emission in arable soil subject to different long-term fertilization practices[J]. Frontiers in Microbiology, 2020, 11.

[76] MASSCHELEYN P H, DELAUNE R D, PATRICK W H. Methane and nitrous-oxide emissions from laboratory measurements of rice soil suspension-effect of soil oxidation-reduction status[J]. Chemosphere, 1993, 26(1–4): 251–260.

[77] KRALOVA M, MASSCHELEYN P H, LINDAU C W, et al. Production of dinitrogen and nitrous-oxide in soil suspensions as affected by redox potential[J]. Water Air and Soil Pollution, 1992, 61(1–2): 37–45.

[78] FRASIER R, ULLAH S, MOORE T R. Nitrous oxide consumption potentials of well-drained forest soils in Southern Quebec, Canada[J]. Geomicrobiology Journal, 2010, 27(1): 53–60.

[79] BUCHEN C, ROOBROECK D, AUGUSTIN J, et al. High N_2O consumption potential of weakly disturbed fen mires with dissimilar denitrifier community structure[J]. Soil Biology and Biochemistry, 2019, 130: 63–72.

[80] MINKKINEN K, OJANEN P, KOSKINEN M, et al. Nitrous oxide emissions of undrained, forestry-drained, and rewetted boreal peatlands[J]. Forest Ecology and Management, 2020, 478: 1–10.

[81] HATANO R. Impact of land use change on greenhouse gases emissions in peatland: a review[J]. International Agrophysics, 2019, 33(2): 167–173.

[82] TEEPE R, BRUMME R, BEESE F. Nitrous oxide emissions from soil during freezing and thawing periods[J]. Soil Biology & Biochemistry, 2001, 33(9): 1269–1275.

[83] YU J, LIU J, SUN Z, et al. The fluxes and controlling factors of N_2O and CH_4 emissions from freshwater marsh in Northeast China[J]. Science China–Earth Sciences, 2010, 53(5): 700–709.

[84] CUI Q, SONG C, WANG X, et al. Rapid N_2O fluxes at high level of nitrate nitrogen addition during freeze-thaw events in boreal peatlands of Northeast China[J].

Atmospheric Environment，2016，135：1–8.

[85] LIU H，ZHENG X，LI Y，et al. Soil moisture determines nitrous oxide emission and uptake[J]. Science of The Total Environment，2022，822：153566.

[86] GAO N，SHEN W，CAMARGO E，et al. Nitrous oxide（N_2O）–reducing denitrifier–inoculated organic fertilizer mitigates N_2O emissions from agricultural soils[J]. Biology and Fertility of Soils，2017，53（8）：885–898.

[87] QIN H，XING X，TANG Y，et al. Soil moisture and activity of nitrite– and nitrous oxide–reducing microbes enhanced nitrous oxide emissions in fallow paddy soils[J]. Biology and Fertility of Soils，2020，56（1）：53–67.

[88] PRANANTO J A，MINASNY B，COMEAU L P，et al. Drainage increases CO_2 and N_2O emissions from tropical peat soils[J]. Global Change Biology，2020，26（8）：4583–4600.

[89] 刘岳坤. 土壤水分对秦岭南坡不同海拔森林土壤温室气体通量的影响 [D]. 咸阳：西北农林科技大学，2018.

[90] WARNEKE S，SCHIPPER L A，BRUESEWITZ D A，et al. Rates，controls and potential adverse effects of nitrate removal in a denitrification bed[J]. Ecological Engineering，2011，37（3）：511–522.

[91] FENG J，KQ Z，CHEN S. Mechanism of N_2O uptake and consumption by soil：a review[J]. Agro–Environ Sci，2014，000：2084–2089.

[92] BAHRAM M，ESPENBERG M，PARN J，et al. Structure and function of the soil microbiome underlying N_2O emissions from global wetlands[J]. Nature Communications，2022，13（1）.

[93] BU Z–J，RYDIN H，CHEN X. Direct and interaction–mediated effects of environmental changes on peatland bryophytes[J]. Oecologia，2011，166（2）：555–563.

[94] VOIGT C，LAMPRECHT R E，MARUSHCHAK M E，et al. Warming of subarctic tundra increases emissions of all three important greenhouse gases–carbon dioxide，methane，and nitrous oxide[J]. Global Change Biology，2017，23（8）：3121–3138.

[95] ALM J，SCHULMAN L，WALDEN J，et al. Carbon balance of a boreal bog during a year with an exceptionally dry summer[J]. Ecology，1999，80：161–174.

[96] CUI Q，SONG C，WANG X，et al. Effects of warming on N_2O fluxes in a boreal

peatland of permafrost region, Northeast China[J]. Science of the Total Environment, 2018, 616: 427–434.

[97] DURAN J, MORSE J L, GROFFMAN P M, et al. Winter climate change affects growing–season soil microbial biomass and activity in northern hardwood forests[J]. Global Change Biology, 2014, 20(11): 3568–3577.

[98] YAN W, ZHONG Y, SHANGGUAN Z, et al. Response of soil greenhouse gas fluxes to warming: A global meta–analysis of field studies[J]. Geoderma, 2022, 419.

[99] LIAO J, LUO Q, HU A, et al. Soil moisture–atmosphere feedback dominates land N_2O nitrification emissions and denitrification reduction[J]. Global Change Biology, 2022.

[100] BUTTERBACH–BAHL K, BAGGS E M, DANNENMANN M, et al. Nitrous oxide emissions from soils: how well do we understand the processes and their controls?[J]. Philosophical Transactions of the Royal Society B–Biological Sciences, 2013, 368 (1621).

[101] 金雪莲, 姚槐应, 樊昊心. 土壤硝化作用的温度响应综述[J]. 江苏农业科学, 2020, 48(20): 8–16.

[102] BREMNER J M, SHAW K. Denitrification in soil. II. Factors affecting denitrification[J]. Journal of Agricultural Science, 1958, 51(1): 40–52.

[103] QIN S, YUAN H, HU C, et al. Determination of potential N_2O–reductase activity in soil[J]. Soil Biology and Biochemistry, 2014, 70: 205–10.

[104] MARUSHCHAK M E, PITKAMAKI A, KOPONEN H, et al. Hot spots for nitrous oxide emissions found in different types of permafrost peatlands[J]. Global Change Biology, 2011, 17(8): 2601–2614.

[105] XUE D, CHEN H, ZHAN W, et al. How do water table drawdown, duration of drainage, and warming influence greenhouse gas emissions from drained peatlands of the Zoige Plateau?[J]. Land Degradation and Development, 2021, 32(11): 3351–3364.

[106] CHAPIN F S, SHAVER G R, GIBLIN A E, et al. Responses of arctic tundra to experimental and observed changes in climate[J]. Ecology, 1995, 76(3): 694–711.

[107] GONG Y, WU J, VOGT J, et al. Combination of warming and vegetation composition change strengthens the environmental controls on N_2O fluxes in a boreal

peatland[J]. Atmosphere，2018，9（12）：1–13.

[108] OESTMANN J，DETTMANN U，DUEVEL D，et al. Experimental warming increased greenhouse gas emissions of a near–natural peatland and *Sphagnum* farming sites[J]. Plant and Soil，2022.

[109] IPCC. Climate Change 2013：The Physical Science Basis. Contribution of Working Group I to the Fifth Assessment Report of the Intergovernmental Panel on Climate Change[R]. Cambridge University Press，Cambridge，United Kingdom and New York，USA，2013.

[110] LIU L，GREAVER T L. A review of nitrogen enrichment effects on three biogenic GHGs：the CO_2 sink may be largely offset by stimulated N_2O and CH_4 emission[J]. Ecology Letters，2009，12（10）：1103–1117.

[111] GALLOWAY J，COWLING E，OENEMA O，et al. Optimizing nitrogen management in food and energy production，and environment change–Reponse[J]. Ambio，2002，31（6）：497–498.

[112] FOWLER D，COYLE M，SKIBA U，et al. The global nitrogen cycle in the twenty-first century[J]. Philosophical Transactions of the Royal Society B–Biological Sciences，2013，368（1621）.

[113] 窦晶鑫，刘景双，王洋，等.模拟氮沉降对湿地植物生物量与土壤活性碳库的影响[J]. 应用生态学报，2008，19（8）：1714–1720.

[114] FROLKING S，TALBOT J，JONES M C，et al. Peatlands in the Earth's 21st century climate system[J]. Environmental Reviews，2011，19：371–96.

[115] BODELIER P L E，LAANBROEK H J. Nitrogen as a regulatory factor of methane oxidation in soils and sediments[J]. Fems Microbiology Ecology，2004，47（3）：265–277.

[116] DALAL R C，WANG W J，ROBERTSON G P，et al. Nitrous oxide emission from Australian agricultural lands and mitigation options：a review[J]. Australian Journal of Soil Research，2003，41（2）：165–195.

[117] 孙志高.三江平原沼泽湿地氮循环[M]. 北京：科学出版社，2014.

[118] RUCKAUF U，AUGUSTIN J，RUSSOW R，et al. Nitrate removal from drained and reflooded fen soils affected by soil N transformation processes and plant uptake[J]. Soil Biology & Biochemistry，2004，36（1）：77–90.

[119] WASSEN M J, VETERINK H, DESWART E. Nutrient concentrations in mire vegetation as a measure of nutrient limitation in mire ecosystems[J]. Journal of Vegetation Science, 1995, 6(1): 5-16.

[120] SHAVER G R, BILLINGS W D, CHAPIN F S, et al. Global change and the carbon balance of arctic ecosystems[J]. Bioscience, 1992, 42(6): 433-41.

[121] DENTENER F, DREVET J, LAMARQUE J F, et al. Nitrogen and sulfur deposition on regional and global scales: A multimodel evaluation[J]. Global Biogeochemical Cycles, 2006, 20(4).

[122] SONG Y, SONG C, LI Y, et al. Short-term effect of nitrogen addition on litter and soil properties in Calamagrostis angustifolia freshwater marshes of Northeast China[J]. Wetlands, 2013, 33(3): 505-513.

[123] GAO Y, CHEN H, SCHUMANN M, et al. Short-term responses of nitrous oxide fluxes to nitrogen and phosphorus addition in a peatland on the Tibetan plateau[J]. Environmental Engineering and Management Journal, 2015, 14(1): 121-127.

[124] GAO Y, CHEN H, ZENG X. Effects of nitrogen and sulfur deposition on CH_4 and N_2O fluxes in high-altitude peatland soil under different water tables in the Tibetan Plateau[J]. Soil Science and Plant Nutrition, 2014, 60(3): 404-410.

[125] BRAGAZZA L, BUTTLER A, HABERMACHER J, et al. High nitrogen deposition alters the decomposition of bog plant litter and reduces carbon accumulation[J]. Global Change Biology, 2012, 18(3): 1163-1172.

[126] BRAGAZZA L, FREEMAN C, JONES T, et al. Atmospheric nitrogen deposition promotes carbon loss from peat bogs[J]. Proceedings of the National Academy of Sciences of the United States of America, 2006, 103(51): 19386-19389.

[127] LU F, WU J, YI B, et al. Long-term phosphorus addition strongly weakens the carbon sink function of a temperate peatland[J]. Ecosystems, 2022: 1-16.

[128] AERTS R, WALLEN B, MALMER N. Growth-limiting nutrients in *Sphagnum*-dominated bogs subject to low and high atospheric nitrogen supply[J]. Journal of Ecology, 1992, 80(1): 131-40.

[129] BUBIER J L, MOORE T R, BLEDZKI L A. Effects of nutrient addition on vegetation and carbon cycling in an ombrotrophic bog[J]. Global Change Biology, 2007, 13(6): 1168-1186.

[130] MOORE T R, KNORR K-H, THOMPSON L, et al. The effect of long-term fertilization on peat in an ombrotrophic bog[J]. Geoderma, 2019, 343: 176-186.

[131] THUILLER W, LAVOREL S, ARAUJO M B, et al. Climate change threats to plant diversity in Europe[J]. Proceedings of the National Academy of Sciences of the United States of America, 2005, 102(23): 8245-8250.

[132] HOOPER D U, VITOUSEK P M. The effects of plant composition and diversity on ecosystem processes[J]. Science, 1997, 277(5330): 1302-1305.

[133] HOOPER D U, ADAIR E C, CARDINALE B J, et al. A global synthesis reveals biodiversity loss as a major driver of ecosystem change[J]. Nature, 2012, 486(7401): 105-108.

[134] TILMAN D, REICH P B, ISBELL F. Biodiversity impacts ecosystem productivity as much as resources, disturbance, or herbivory[J]. Proceedings of the National Academy of Sciences of the United States of America, 2012, 109(26): 10394-10397.

[135] IPCC. Technical summary[R]//Climate Change (2007): The Physical Science Basis. Contribution of Working Group 1 to the Forth Assessment Report of the Intergovernmental Panel on Climate Change. Cambridge University Press, Cambridge, UK, 2007.

[136] WALKER M D, WAHREN C H, HOLLISTER R D, et al. Plant community responses to experimental warming across the tundra biome[J]. Proceedings of the National Academy of Sciences of the United States of America, 2006, 103(5): 1342-1346.

[137] GALLEGO-SALA A V, PRENTICE I C. Blanket peat biome endangered by climate change[J]. Nature Climate Change, 2013, 3(2): 152-155.

[138] GONG Y, WU J, VOGT J, et al. Greenhouse gas emissions from peatlands under manipulated warming, nitrogen addition, and vegetation composition change: a review and data synthesis[J]. Environmental Reviews, 2020, 28(4): 428-437.

[139] LARMOLA T, BUBIER J L, KOBYLJANEC C, et al. Vegetation feedbacks of nutrient addition lead to a weaker carbon sink in an ombrotrophic bog[J]. Global Change Biology, 2013, 19(12): 3729-3739.

[140] BRAGAZZA L, TAHVANAINEN T, KUTNAR L, et al. Nutritional constraints in

ombrotrophic Sphagnum plants under increasing atmospheric nitrogen deposition in Europe[J]. New Phytologist, 2004, 163(3): 609–616.

[141] VITT D H, WIEDER K, HALSEY L A, et al. Response of *Sphagnum fuscum* to nitrogen deposition: a case study of ombrogenous peatlands in Alberta, Canada[J]. Bryologist, 2003, 106(2): 235–245.

[142] WIEDER R K, VITT D H, VILE M A, et al. Experimental nitrogen addition alters structure and function of a boreal poor fen: implications for critical loads[J]. Science of the Total Environment, 2020, 733: 1–20.

[143] SHEPPARD L J, LEITH I D, LEESON S R, et al. Fate of N in a peatland, Whim bog: immobilisation in the vegetation and peat, leakage into pore water and losses as N_2O depend on the form of N[J]. Biogeosciences, 2013, 10(1): 149–160.

[144] RUDOLPH H, VOIGT J U. Effects of NH_4^+–N and NO_3^-–N on growth and metabolism of Sphagnum magellanicum[J]. Physiol Plant, 2010, 66(2): 339–343.

[145] JØRGENSEN C J, STRUWE S, ELBERLING B. Temporal trends in N_2O flux dynamics in a Danish wetland–effects of plant–mediated gas transport of N_2O and O_2 following changes in water level and soil mineral–N availability[J]. Global Change Biology, 2012, 18(1): 210–222.

[146] ELSER J J, BRACKEN M E S, CLELAND E E, et al. Global analysis of nitrogen and phosphorus limitation of primary producers in freshwater, marine and terrestrial ecosystems[J]. Ecology Letters, 2007, 10(12): 1135–1142.

[147] DU E, TERRER C, PELLEGRINI A F A, et al. Global patterns of terrestrial nitrogen and phosphorus limitation[J]. Nature Geoscience, 2020, 13(3): 221–226.

[148] MORI T, OHTA S, ISHIZUKA S, et al. Effects of phosphorus addition on N_2O and NO emissions from soils of an Acacia mangium plantation[J]. Soil Science and Plant Nutrition, 2010, 56(5): 782–788.

[149] LI T, BU Z, LIU W, et al. Weakening of the "enzymatic latch" mechanism following long–term fertilization in a minerotrophic peatland[J]. Soil Biology and Biochemistry, 2019, 136: 1–41.

[150] LI T, GE L, HUANG J, et al. Contrasting responses of soil exoenzymatic interactions and the dissociated carbon transformation to short–and long–term drainage in a minerotrophic peatland[J]. Geoderma, 2020, 377: 114585.

[151] ZAEHLE S, FRIEDLINGSTEIN P, FRIEND A D. Terrestrial nitrogen feedbacks may accelerate future climate change[J]. Geophysical Research Letters, 2010, 37.

[152] MENGE D N L, FIELD C B. Simulated global changes alter phosphorus demand in annual grassland[J]. Global Change Biology, 2007, 13(12): 2582–2591.

[153] BOBBINK R, HICKS K, GALLOWAY J, et al. Global assessment of nitrogen deposition effects on terrestrial plant diversity: a synthesis[J]. Ecological Applications, 2010, 20(1): 30–59.

[154] STROM L, CHRISTENSEN T R. Below ground carbon turnover and greenhouse gas exchanges in a sub-arctic wetland[J]. Soil Biology and Biochemistry, 2007, 39(7): 1689–1698.

[155] NIELSEN C S, MICHELSEN A, STROBEL B W, et al. Correlations between substrate availability, dissolved CH_4, and CH_4 emissions in an arctic wetland subject to warming and plant removal[J]. Journal of Geophysical Research-Biogeosciences, 2017, 122(3): 645–660.

[156] GONG Y, WU J, VOGT J, et al. Combination of warming and vegetation composition change strengthens the environmental controls on N_2O fluxes in a boreal peatland[J]. Atmosphere, 2018, 9(12).

[157] CHEN H, ZHANG W, GURMESA G, et al. Phosphorus addition affects soil nitrogen dynamics in a nitrogen-saturated and two nitrogen-limited forests[J]. European Journal of Soil Science, 2017, 68(4): 472–479.

[158] WANG F, LI J, WANG X, et al. Nitrogen and phosphorus addition impact soil N_2O emission in a secondary tropical forest of South China[J]. Scientific Reports, 2014, 4(1): 1–8.

[159] MORI T, OHTA S, ISHIZUKA S, et al. Phosphorus application reduces N_2O emissions from tropical leguminous plantation soil when phosphorus uptake is occurring[J]. Biology and Fertility of Soils, 2014, 50(1): 45–51.

[160] ZHENG M, ZHANG T, LIU L, et al. Effects of nitrogen and phosphorus additions on nitrous oxide emission in a nitrogen-rich and two nitrogen-limited tropical forests[J]. Biogeosciences, 2016, 13(11): 3503–3517.

[161] BENNER J W, VITOUSEK P M. Development of a diverse epiphyte community in response to phosphorus fertilization[J]. Ecology Letters, 2007, 10(7): 628–636.

[162] ZHANG J, ZHOU J, LAMBERS H, et al. Nitrogen and phosphorus addition exerted different influences on litter and soil carbon release in a tropical forest[J]. Science of the Total Environment, 2022: 155049.

[163] 乔石英. 长白山西麓哈尼泥炭沼泽初探[J]. 地理科学, 1993, 3: 279-287.

[164] 马进泽. 基于三种实验方式的气候变暖对泥炭地植物凋落物分解影响的模拟研究 [D]. 长春: 东北师范大学, 2018.

[165] 陈旭, 卜兆君, 王升忠, 等. 长白山哈泥泥炭地七种苔藓植物生态位[J]. 应用生态学报, 2009, 20(3): 574-578.

[166] 卜兆君, 杨允菲, 代丹, 等. 长白山泥炭沼泽桧叶金发藓种群的年龄结构与生长分析[J]. 应用生态学报, 2005, 16(1): 44-48.

[167] ZHOU W, GUO Y, ZHU B, et al. Seasonal variations of nitrogen flux and composition in a wet deposition forest ecosystem on Changbai Mountain[J]. Acta Ecologica Sinica, 2015, 35(1): 158-164.

[168] LI L-J, YOU M-Y, SHI H-A, et al. Soil CO_2 emissions from a cultivated Mollisol: Effects of organic amendments, soil temperature, and moisture[J]. European Journal of Soil Biology, 2013, 55: 83-90.

[169] WALKER M D, WAHREN C H, HOLLISTER R D, et al. Plant community responses to experimental warming across the tundra biome[J]. Proc Natl Acad Sci U S A, 2006, 103(5): 1342-1346.

[170] DORREPAAL E, TOET S, VAN LOGTESTIJN R S P, et al. Carbon respiration from subsurface peat accelerated by climate warming in the subarctic[J]. Nature, 2009, 460(7255): 616-619.

[171] MURPHY J, RILEY J P. A modified single solution method for the determination of phosphate in natural waters[J]. Analytica Chimica Acta, 1962, 27(C): 678-681.

[172] LIU C, BU Z, MA J, et al. Comparative study on the response of deciduous and evergreen shrubs to nitrogen and phosphorus input in Hani Peatland of Changbai Mountains[J]. Chinese Journal of Ecology, 2015, 34(10): 2711-2719.

[173] SAIYA-CORK K R, SINSABAUGH R L, ZAK D R. The effects of long term nitrogen deposition on extracellular enzyme activity in an Acer saccharum forest soil[J]. Soil Biology & Biochemistry, 2002, 34(9): 1309-1315.

[174] BURGIN A J, GROFFMAN P M. Soil O_2 controls denitrification rates and N_2O yield in

a riparian wetland[J]. Journal of Geophysical Research：Biogeosciences，2012，117（G1）.

[175] MÄKELÄ M，KABIR K M J，KANERVA S，et al. Factors limiting microbial N_2O and CO_2 production in a cultivated peatland overlying an acid sulphate subsoil derived from black schist[J]. Geoderma，2022，405：115444.

[176] LIIMATAINEN M，MARTIKAINEN P J，MALJANEN M J S B，et al. Why granulated wood ash decreases N_2O production in boreal acidic peat soil?[J]. Soil Biology & Biochemistry，2014，79：140–148.

[177] PRESCOTT C，CHAPPELL H，VESTERDAL L. Nitrogen turnover in forest floors of coastal Douglas–fir at sites differing in soil nitrogen capital[J]. Ecology，2000，81（7）：1878–1886.

[178] HU J，INGLETT K S，WRIGHT A L，et al. Nitrous oxide production and reduction in seasonally–flooded cultivated peatland soils[J]. Soil Science Society of America Journal，2016，80（3）：783–793.

[179] KOERSELMAN W，MEULEMAN A F. The vegetation N：P ratio：a new tool to detect the nature of nutrient limitation[J]. Journal of Applied Ecology，1996，33：1441–1450.

[180] DONG W，ZHANG X，LIU X，et al. Responses of soil microbial communities and enzyme activities to nitrogen and phosphorus additions in Chinese fir plantations of subtropical China[J]. Biogeosciences，2015，12（18）：5537–5546.

[181] LI G，LIU Y，FRELICH L E，et al. Experimental warming induces degradation of a Tibetan alpine meadow through trophic interactions[J]. Journal of Applied Ecology，2011，48（3）：659–667.

[182] GREENUP A L，BRADFORD M A，MCNAMARA N P，et al. The role of *Eriophorum vaginatum* in CH_4 flux from an ombrotrophic peatland[J]. Plant and Soil，2000，227（1–2）：265–272.

[183] MORI T. The ratio of β-1，4–glucosidase activity to phosphomonoesterase activity remains low in phosphorus–fertilized tropical soils：A meta–analysis[J]. Applied Soil Ecology，2022，180：1–3.

[184] WANG H，ZHANG Z，LI J，et al. Characteristics of Phosphorus Cycling between Sediment of the Wetlands and Water under Warming in Simulated Wetland Habitat[J].

Wetland Science, 2011, 9（4）: 345–354.

[185] STALEY T, BOYER D, CASKEY W. Soil denitrification and nitrification potentials during the growing season relative to tillage[J]. Soil Science Society of America Journal, 1990, 54（6）: 1602–1608.

[186] BERNAL S, SABATER F, BUTTURINI A, et al. Factors limiting denitrification in a Mediterranean riparian forest[J]. Soil Biology and Biochemistry, 2007, 39（10）: 2685–2688.

[187] TENG C-Y, SHEN J-G, WANG Z, et al. Effect of simulated climate warming on microbial community and phosphorus forms in wetland soils[J]. Huanjing kexue, 2017, 38（7）: 3000–3009.

[188] LIE Z, ZHOU G, HUANG W, et al. Warming drives sustained plant phosphorus demand in a humid tropical forest[J]. Global Change Biology, 2022, 28（13）: 4085–4096.

[189] CAO Z, XU L, ZONG N, et al. Impacts of climate warming on soil phosphorus forms and transformation in a Tibetan alpine meadow[J]. Journal of Soil Science and Plant Nutrition, 2022, 22（2）: 2545–2556.

[190] MORI T, OHTA S, ISHIZUKA S, et al. Phosphorus application reduces N_2O emissions from tropical leguminous plantation soil when phosphorus uptake is occurring[J]. Biology fertility of soils, 2014, 50（1）: 45–51.

[191] LIN Q, XU G, SU A, et al. Response of litter quality to warming in the alpine meadow on the Tibetan Plateau[J]. Guihaia, 2011, 31（6）: 770–774, 800.

[192] MEHNAZ K R, CORNEO P E, KEITEL C, et al. Carbon and phosphorus addition effects on microbial carbon use efficiency, soil organic matter priming, gross nitrogen mineralization and nitrous oxide emission from soil[J]. Soil Biology and Biochemistry, 2019, 134: 175–186.

[193] CAMENZIND T, HOMEIER J, DIETRICH K, et al. Opposing effects of nitrogen versus phosphorus additions on mycorrhizal fungal abundance along an elevational gradient in tropical montane forests[J]. Soil Biology & Biochemistry, 2016, 94（11）: 37–47.

[194] CAMENZIND T, HTTENSCHWILER S, TRESEDER K K, et al. Nutrient limitation of soil microbial processes in tropical forests[J]. Ecological Monographs, 2018, 88（1）.

[195] ALLISON S D, WEINTRAUB M N, GARTNER T B, et al. Evolutionary–Economic Principles as Regulators of Soil Enzyme Production and Ecosystem Function [M]// SHUKLA G, VARMA A. Soil Enzymology. Berlin, Heidelberg: Springer Berlin Heidelberg, 2011: 229–43.

[196] KANG H, FREEMAN C, PARK S S, et al. N–Acetylglucosaminidase activities in wetlands: a global survey[J]. Hydrobiologia, 2005, 532(1–3): 103–110.

[197] LIU L, GUNDERSEN P, ZHANG T, et al. Effects of phosphorus addition on soil microbial biomass and community composition in three forest types in tropical China[J]. Soil Biology and Biochemistry, 2012, 44(1): 31–38.

[198] LI J, LI Z, WANG F, et al. Effects of nitrogen and phosphorus addition on soil microbial community in a secondary tropical forest of China[J]. Biology and Fertility of Soils, 2015, 51(2): 207–215.

[199] SINSABAUGH R L, LAUBER C L, WEINTRAUB M N, et al. Stoichiometry of soil enzyme activity at global scale[J]. Ecology letters, 2008, 11(11): 1252–1264.

[200] ANDERSON F C, CLOUGH T J, CONDRON L M, et al. Nitrous oxide responses to long–term phosphorus application on pasture soil[J]. New Zealand Journal of Agricultural Research, 2022.

[201] O'NEILL R M, GIRKIN N T, KROL D J, et al. The effect of carbon availability on N_2O emissions is moderated by soil phosphorus[J]. Soil Biology & Biochemistry, 2020, 142.

[202] HALL S J, MATSON P A. Nitrogen oxide emissions after nitrogen additions in tropical forests[J]. Nature, 1999, 400(6740): 152–155.

[203] WANG G, YU X, BAO K, et al. Effect of fire on phosphorus forms in Sphagnum moss and peat soils of ombrotrophic bogs[J]. Chemosphere, 2015, 119: 1329–1334.

[204] LIIMATAINEN M, VOIGT C, MARTIKAINEN P J, et al. Factors controlling nitrous oxide emissions from managed northern peat soils with low carbon to nitrogen ratio[J]. Soil Biology & Biochemistry, 2018, 122: 186–195.

[205] BOOT C M, HALL E K, DENEF K, et al. Long–term reactive nitrogen loading alters soil carbon and microbial community properties in a subalpine forest ecosystem[J]. Soil Biology and Biochemistry, 2016, 92: 211–220.

[206] ZENG W, WANG W. Combination of nitrogen and phosphorus fertilization enhance

ecosystem carbon sequestration in a nitrogen–limited temperate plantation of Northern China[J]. Forest Ecology and Management, 2015, 341: 59–66.

[207] NIU S–L, HAN X–G, MA K–P, et al. Field facilities in global warming and terrestrial ecosystem research[J]. Journal of Plant Ecology, 2007, 031(2): 262–271.

[208] DIELEMAN C M, BRANFIREUN B A, MCLAUGHLIN J W, et al. Climate change drives a shift in peatland ecosystem plant community: Implications for ecosystem function and stability[J]. Global Change Biology, 2015, 21(1): 388–395.

[209] JØRGENSEN C J, STRUWE S, ELBERLING B. Temporal trends in N_2O flux dynamics in a Danish wetland–effects of plant–mediated gas transport of N_2O and O_2 following changes in water level and soil mineral–N availability[J]. Global Change Biology, 2012, 18(1): 210–222.

[210] PARN J, VERHOEVEN J T A, BUTTERBACH–BAHL K, et al. Nitrogen–rich organic soils under warm well–drained conditions are global nitrous oxide emission hotspots[J]. Nature Communications, 2018, 9.

[211] ZHANG Z, WANG J, HUANG W, et al. Cover crops and N fertilization affect soil ammonia volatilization and N_2O emission by regulating the soil labile carbon and nitrogen fractions[J]. Agriculture Ecosystems & Environment, 2022, 340.

[212] XIE C, MA X, ZHAO Y, et al. Nitrogen addition and warming rapidly alter microbial community compositions in the mangrove sediment[J]. Science of the Total Environment, 2022, 850.

[213] OMIROU M, STEPHANOU C, ANASTOPOULOS I, et al. Differential response of N_2O emissions, N_2O–producing and N_2O–reducing bacteria to varying tetracycline doses in fertilized soil[J]. Environmental Research, 2022, 214.

[214] GUO P, WANG C, JIA Y, et al. Responses of soil microbial biomass and enzymatic activities to fertilizations of mixed inorganic and organic nitrogen at a subtropical forest in East China[J]. Plant and Soil, 2011, 338(1): 355–366.

[215] YANG X, TANG S, NI K, et al. Long–term nitrogen addition increases denitrification potential and functional gene abundance and changes denitrifying communities in acidic tea plantation soil[J]. Environmental research, 2022, 216(Pt 3): 114679.

[216] WANG S L, YUAN X, ZHANG L, et al. Litter age interacted with N and P addition to impact soil N_2O emissions in Cunninghamia lanceolata plantations[J]. Journal of Plant

Ecology，2022，15（4）：771-782.

[217] LIMPENS J，BERENDSE F. Growth reduction of *Sphagnum magellanicum* subjected to high nitrogen deposition：the role of amino acid nitrogen concentration[J]. Oecologia，2003，135（3）：339-345.

[218] ZENG J，BU Z-J，WANG M，et al. Effects of nitrogen deposition on peatland：A review.[J]. Chinese Journal of Ecology，2013，32：473-481.

[219] LEESON S R，LEVY P E，VAN DIJK N，et al. Nitrous oxide emissions from a peatbog after 13 years of experimental nitrogen deposition[J]. Biogeosciences，2017，14（24）：5753-5764.

[220] GUO Y，DONG Y S，PENG Q，et al. Effects of nitrogen and water addition on N_2O emissions in temperate grasslands，northern China[J]. Applied Soil Ecology，2022，177.

[221] GUO B，ZHENG X，YU J，et al. Dissolved organic carbon enhances both soil N_2O production and uptake[J]. Global Ecology and Conservation，2020，24：e01264.

[222] ZHANG B，YU L，WANG J，et al. Effects of warming and nitrogen input on soil N_2O emission from Qinghai-Tibetan Plateau：a synthesis[J]. Agricultural and Forest Meteorology，2022，326.

[223] ZHU X，SONG C，GUO Y，et al. Methane emissions from temperate herbaceous peatland in the Sanjiang Plain of Northeast China[J]. Atmospheric Environment，2014，92：478-483.

[224] KACHENCHART B，JONES D L，GAJASENI N，et al. Seasonal nitrous oxide emissions from different land uses and their controlling factors in a tropical riparian ecosystem[J]. Agriculture Ecosystems and Environment，2012，158：15-30.

[225] WANG J，CHEN G，ZOU G，et al. Comparative on plant stoichiometry response to agricultural non-point source pollution in different types of ecological ditches[J]. Environmental Science and Pollution Research，2019，26（1）：647-658.

[226] ELSER J J，FAGAN W F，KERKHOFF A J，et al. Biological stoichiometry of plant production：metabolism，scaling and ecological response to global change[J]. New Phytologist，2010，186（3）：593-608.

[227] YU G，JIA Y，HE N，et al. Stabilization of atmospheric nitrogen deposition in China over the past decade[J]. Nature Geoscience，2019，12（6）：424-429.

[228] WEN Z，WANG R，LI Q，et al. Spatiotemporal variations of nitrogen and phosphorus deposition across China[J]. Science of the Total Environment，2022，830.

[229] CHEN H，LI D，ZHAO J，et al. Nitrogen addition aggravates microbial carbon limitation：Evidence from ecoenzymatic stoichiometry[J]. Geoderma，2018，329：61-64.

[230] YAO Z，YAN G，MA L，et al. Soil C/N ratio is the dominant control of annual N_2O fluxes from organic soils of natural and semi-natural ecosystems[J]. Agricultural and Forest Meteorology，2022，327.

[231] LUO L，YU J，ZHU L，et al. Nitrogen addition may promote soil organic carbon storage and CO_2 emission but reduce dissolved organic carbon in Zoige peatland[J]. Journal of Environmental Management，2022，324.

[232] REGINA K，NYKANEN H，SILVOLA J，et al. Fluxes of nitrous oxide from boreal peatlands as affected by peatland type，water table level and nitrification capacity[J]. Biogeochemistry，1996，35（3）：401-418.

[233] CAO C，HUANG J，GE L，et al. Does shift in vegetation abundance after nitrogen and phosphorus additions play a key role in regulating fungal community structure in a northern peatland?[J]. Frontiers in Microbiology，2022，13.

[234] YUE K，YANG W，PENG Y，et al. Individual and combined effects of multiple global change drivers on terrestrial phosphorus pools：A meta-analysis[J]. Science of the Total Environment，2018，630：181-188.

[235] XU Z，WANG Y，SUN D，et al. Soil nutrients and nutrient ratios influence the ratios of soil microbial biomass and metabolic nutrient limitations in mountain peatlands[J]. Catena，2022，218.

[236] HILL B H，ELONEN C M，JICHA T M，et al. Ecoenzymatic stoichiometry and microbial processing of organic matter in northern bogs and fens reveals a common P-limitation between peatland types[J]. Biogeochemistry，2014，120（1-3）：203-224.

[237] CHENG X，ZHAO G，SONG Y，et al. Carbon and nitrogen contents and enzyme activities of soil in peatland of permafrost region in greater hinggan mountains under exogenous nitrogen input[J]. Wetland Science，2022，20（2）：196-204.

[238] WANG X，SUN X，SUN L，et al. Small-scale variability of soil quality in permafrost

peatland of the great Hing'an mountains，northeast China[J]. Water，2022，14（17）.

[239]LI T，YUAN X，GE L，et al. Weak impact of nutrient enrichment on peat：Evidence from physicochemical properties[J]. Frontiers in Ecology and Evolution，2022，10.

[240]GAO S，SONG Y，SONG C，et al. Long−term nitrogen addition alters peatland plant community structure and nutrient resorption efficiency[J]. Science of the Total Environment，2022，844.

[241]HEIJMANS M M，KLEES H，BERENDSE F. Competition between *Sphagnum magellanicum* and *Eriophorum angustifolium* as affected by raised CO_2 and increased N deposition[J]. Oikos，2002，97（3）：415−425.

[242]TURNER B L，JOSEPH WRIGHT S. The response of microbial biomass and hydrolytic enzymes to a decade of nitrogen，phosphorus，and potassium addition in a lowland tropical rain forest[J]. Biogeochemistry，2014，117（1）：115−130.

[243]BUESSECKER S，SARNO A F，REYNOLDS M C，et al. Coupled abiotic−biotic cycling of nitrous oxide in tropical peatlands[J]. Nature Ecology and Evolution，2022，6（12）：1881−1890.

[244]BUESSECKER S，TYLOR K，NYE J，et al. Effects of sterilization techniques on chemodenitrification and N_2O production in tropical peat soil microcosms[J]. Biogeosciences，2019，16（23）：4601−4612.

[245]LIN F，ZUO H C，MA X H，et al. Comprehensive assessment of nitrous oxide emissions and mitigation potentials across European peatlands[J]. Environmental Pollution，2022，301：1−12.

[246]RUBOL S，SILVER W L，BELLIN A. Hydrologic control on redox and nitrogen dynamics in a peatland soil[J]. Science of the Total Environment，2012，432：37−46.

[247]MENG X，ZHU Z G，XUE J，et al. Methane and nitrous oxide emissions from a temperate peatland under simulated enhanced nitrogen deposition[J]. Sustainability，2023，15（2）.

[248]NYKÄNEN H，VASANDER H，HUTTUNEN J T，et al. Effect of experimental nitrogen load on methane and nitrous oxide fluxes on ombrotrophic boreal peatland[J]. Plant and Soil，2002，242（1）：147−155.

后 记

本书内容基于本人博士学位论文创作。在此感谢我的导师东北师范大学地理科学学院吴正方教授和卜兆君教授，让我有机会从事全球变化和湿地生态相关研究。特别感谢内蒙古财经大学统计与数学学院王春枝教授，给我宝贵的机会出版此书。

本书获内蒙古财经大学学术专著出版基金资助。本研究得到了国家自然科学基金联合基金（项目名称：长白山地泥炭藓物种多样性多尺度格局及其碳增汇效应机制，项目编号：U23A2003）、国家自然科学基金（项目名称：长白山哈泥泥炭地土壤胞外酶活性的化学计量学特征的生物调控机制，项目编号：41971118）、吉林省科技厅项目（项目名称：吉林省泥炭地学创新团队，项目编号：20190101025JH）的资助。

本书研究成果的形成得到了赵利在野外工作中的鼎力帮助，以及中国矿业大学环境与测绘学院鹿凡博士的大力支持。研究过程中得到了东北师范大学地理科学学院刘莎莎高级实验师、刘自平高级实验师、周新华老师，以及张嘉琪博士和马骏骁博士等人的无私帮助。

限于作者水平，不妥之处在所难免，诚恳希望读者予以指正，以便进一步修改完善。

伊博力

于内蒙古呼和浩特

2024 年 6 月